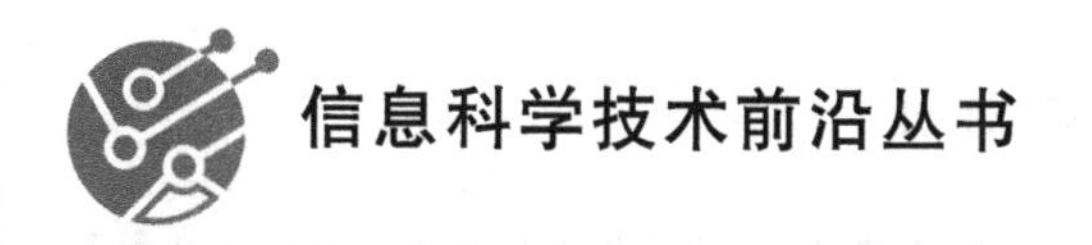

多模态数据融合与挖掘技术

薛 哲 著

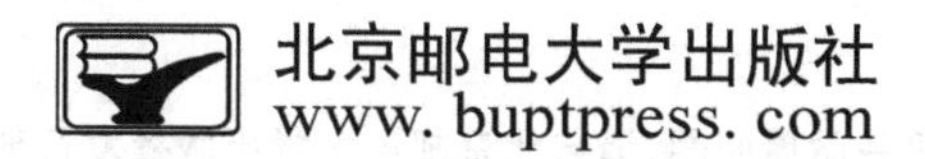

内 容 简 介

随着5G和互联网技术的快速发展,用户可以非常方便、灵活地将不同类型的数据共享到互联网,各类网络平台上出现了海量的文本、图像、视频等多模态数据。因此亟须发展高效的多模态数据融合与挖掘技术,以从海量的多模态数据中获得有价值的信息。本书围绕多模态学习的融合与挖掘这两个关键任务,针对多模态数据特征缺失、标注缺失、关联复杂隐匿、学习结果不可靠等问题,从多模态数据聚类、多模态数据半监督分类、多模态数据可信分类等方面深入介绍一系列多模态数据融合与挖掘方法,并在不同数据集上通过大量实验验证本书所提出方法的有效性。本书可作为高等院校计算机、人工智能等相关专业本科生和研究生的教材,也可作为相关领域的科研与工程技术人员的重要参考书。

图书在版编目（CIP）数据

多模态数据融合与挖掘技术 / 薛哲著. -- 北京 : 北京邮电大学出版社, 2024. -- ISBN 978-7-5635-7291-5

Ⅰ. TP274; TP311. 131

中国国家版本馆CIP数据核字第2024TZ4038号

策划编辑: 姚 顺 **责任编辑:** 姚 顺 廖国军 **责任校对:** 张会良 **封面设计:** 七星博纳

出版发行: 北京邮电大学出版社
社 址: 北京市海淀区西土城路10号
邮政编码: 100876
发 行 部: 电话: 010-62282185 传真: 010-62283578
E-mail: publish@bupt.edu.cn
经 销: 各地新华书店
印 刷: 保定市中画美凯印刷有限公司
开 本: 720 mm×1 000 mm 1/16
印 张: 8.5
字 数: 149千字
版 次: 2024年7月第1版
印 次: 2024年7月第1次印刷

ISBN 978-7-5635-7291-5 定价: 45.00元

· 如有印装质量问题,请与北京邮电大学出版社发行部联系 ·

前　　言

大数据和人工智能技术是当今发展速度快、受关注度高的技术领域之一。《"十四五"大数据产业发展规划》提出，"促进多维度异构数据关联，创新数据融合模式，提升多模态数据的综合处理水平，通过数据的完整性提升认知的全面性。"互联网包括多种模态类型，例如文本、图像、视频、音频等，多模态数据已经成为互联网信息的主要表现形式。通过分析和挖掘多模态数据，融合不同模态的互补信息，能够获得比单一模态数据更完整、更全面的信息，是准确理解数据语义、从数据中获取知识与价值的有效手段。本书将介绍如何借助人工智能技术手段，实现对多模态数据内容高效、精准的分析与挖掘。

在人工智能的相关研究中，多模态学习是非常重要的研究方向。多模态是指数据特征可以具有多种表现形式，例如互联网包含了丰富的文本、图像、视频等多模态数据，每个模态的特征包含了特定的信息。多模态学习能够充分利用不同模态信息之间的互补性，并使用合理的方式整合多个模态的信息，从而获得更好的学习性能。正是由于多模态学习相比传统人工智能技术具有独特的优势，基于多模态学习的人工智能技术才能取得快速的发展。为此，本书将从多模态聚类、多模态半监督分类和多模态可信分类等方面详细介绍目前主流的多模态学习方法。本书的组织结构如下。

第 1 章为绪论，主要介绍了多模态数据融合与挖掘领域的研究背景、存在的挑战和本书主要内容。

第 2 章详细介绍了多模态数据融合与挖掘方法的研究现状，具体介绍了多模态数据聚类和多模态数据分类方面的研究现状。

第 3 章提出了基于聚类引导自适应结构增强网络的多模态聚类方法。针对现有方法难以从缺失的模态中恢复完整的数据结构，且忽略了模态的可靠性和准确性对聚类过程的影响这一问题，本章提出一种新的不完整多模态聚类方法，通过端到端的可训练框架,将多模态数据结构增强和数据聚类进行整合。该方法通过利用全局结构信息和局部结构信息,结合多核聚类为不同模态分配权重,从而提高聚类的准确性和可靠性。

第 4 章提出了基于鲁棒多样化图对比学习的多模态聚类方法。针对现有方法忽略了样本中的噪声和不同模态的可靠性不同,且没有考虑多模态表示学习和聚类任务之间相互关联这一问题,本章提出通过结合多模态表示学习和鲁棒多样化图对比正则化来提高多模态表示的判别性和聚类性能,该方法包括自适应融合层、多样化图对比正则化和聚类引导的图对比正则化,以准确捕获多模态共享信息和独特信息,有效处理噪声样本和不可靠模态,增强多模态表示学习和数据聚类两个任务的相互作用,从而提高多模态聚类性能。

第 5 章提出了基于深度神经网络的鲁棒多模态聚类方法。针对传统的基于浅层学习的多模态学习方法在处理非线性特征和计算复杂性方面存在挑战,且输出结果容易受到数据噪声对聚类结果的影响,本章提出一种基于自注意力增强的细粒度信息融合框架,从不同模态中提取细粒度信息,生成全面的数据描述。通过统一的多模态聚类模块进一步对齐不同模态的表示,并使用聚类结果来引导和增强多模态数据的表示学习,从而实现准确、鲁棒的多模态数据聚类。

第 6 章提出了基于深度相关预测子空间学习的半监督多模态数据语义标注方法。针对现有方法未区分多模态数据中共享的信息成分和独立的信息成分,从而影响了分类性能的问题,本章提出将半监督深度矩阵分解、相关子空间学习和多模态类标签预测集成到统一的分类框架中,共同学习深度相关预测子空间以及共享和私有的标签预测器。该方法能够学习适合类标签预测任务的子空间表示,利用数据相关性使不完整多模态数据相互补充,并引入共享标签预测器和私有标签预测器以提高多模态数据语义标注的准确性。

第 7 章提出了基于深度受限低秩子空间学习的多模态半监督分类方法。针对现有方法未能利用多模态数据相似性矩阵的低秩特性,导致出现监督信息利用不充分、分类器训练不充分等问题,本章提出将深度受限矩阵分解、低秩子空间学习和类标签学习集成到统一的学习框架中,共同学习数据相似性矩阵和类标签矩阵。该方法能够学习每个模态的判别子空间表示,通过聚合多模态相似性矩阵以获得一致的分类结果,最后采用加权对称矩阵分解以实现更精准的多模态数据分类。

第 8 章提出了基于置信度评估的可信多模态分类方法。针对现有方法无法有效评估分类结果可靠性的问题，本章提出一种基于置信度评估的可信多模态分类方法，包括多模态增强编码、多模态置信度感知融合和多模态分类正则化 3 个模块，共同评估预测结果的置信度并产生可信的分类结果。通过结合前期融合策略和后期融合策略，可获得可靠而具有判别性的多模态数据的潜在表示。此外，本章还引入置信度感知评估器来预测分类结果的可靠性。

第 9 章对本书进行总结，并对本领域未来的研究方向进行展望。

希望读者通过本书能够对人工智能技术形成初步的认识，对多模态数据融合和挖掘技术的最新进展有大致的了解，并掌握如何将多模态学习技术应用于数据聚类、标注、分类等任务。

由于作者的水平有限，加之相关技术和学术领域在不断变化和更新，本书中难免有不足之处，恳请各位专家和读者批评指正。

本书的编写得到了国家自然科学基金的资助(项目编号:62272058)。

作　者

目　　录

第1章 绪 论

1.1 研究背景

多模态数据对于人类而言极其常见，人们通过不同的感官检测和交互外部及内部信号，能够进行分析、融合信息并做出决策。多模态数据以其独特的角度和形式为人们的决策过程提供了丰富的信息。对于人类而言，视觉和听觉多模态数据是最常见的，人类在交流时往往会使用这两种感官[1]。听觉信息相对于视觉信息的优势在于其不需要直接观察，而视觉信息可以抵抗各种使音频处理变得困难的因素，如环境噪声、回声和其他声学干扰。互联网通常包含文本、图像、视频、音频等多模态数据，不同模态数据之间具有很强的互补性。例如，当某个突发事件产生之后，事件相关的新闻文本会对事件的时间、地点、人物、发展过程等要素进行准确的描述，而与事件相关的音视频报道可以让用户更直观地了解突发事件的现场情况。分析和整合不同模态的数据能够更完整地获取有价值的信息。在自动驾驶领域，如何利用多模态数据是自动驾驶技术的核心之一[2]。在自动驾驶系统中，需要结合不同传感器(如摄像头和激光雷达)的数据，以提高车辆对环境的感知能力，增强决策制定的准确性。这使得车辆在复杂和变化的道路条件下可以更安全、有效地驾驶，特别是在视线受限或声学干扰时。总之，多模态数据在我们身边广泛存在，如何对复杂的多模态数据进行分析和融合，在海量的多模态数据中挖掘出有价值的信息具有重要的意义。

不同模态的数据通常具有不同的属性和结构，例如，文本数据是离散、结构化的，而音频数据是连续、具有时序性的。这些差异意味着不能简单地将不同模态的数据直接组合在一起。例如，在处理文本数据和音频数据时，文本数据可以转化为词汇的向量空间模型，而音频数据可以表示成声谱特征的序列，这些不同的表示形式反映了各自模态的特点。由于不同模态数据特征的物理意义不同，直接拼接使用这些数据特征容易造成维度过高而难以处理、各模态信息难以融合等问题。为了解决这些问题，多模态学习通过考虑不同模态的特点和物理特性，寻找在复杂、异质多模态数据中的有效信息。例如，通过将文本数据和音频数据的分析结果结合起来，可以更准确地识别说话者的情感状态或意图。此外，多模态学习还能够处理更复杂的情况，例如，在视频分析中同时考虑视觉信息、音频信息和文本信息（如字幕或自动生成的文字描述）。这种多模态的融合不仅能够增强单一模态的分析能力，还能够揭示不同模态之间相互作用和补充的方式。因此，多模态学习已成为人工智能、机器学习等领域的一个重要研究方向，其目的是在保持每个模态数据特有属性的同时，探索和利用这些模态数据之间的相互关系和互补信息，提升模型整体的分析能力和应用效果。随着技术的不断发展和应用需求的增加，这一领域将继续受到研究者的广泛关注和深入探索。

1.2　存在的挑战

尽管近年来多模态学习领域已经获得了显著进展和成果[3-7]，但仍面临一些未解决的关键问题。第一，为了充分利用不同模态提供的信息，必须对来自多个模态的数据进行有效融合。但由于多模态数据通常具有不同的物理属性、表现方式和统计特征，准确地根据每个模态的特点进行数据融合变得至关重要。第二，随着周围环境的变化，多模态数据通常复杂多变，准确分析它们之间的关联关系具有较大的挑战。因此，如何有效融合多模态数据的深层互补特征，利用多模态互补性发掘数据之间的潜在联系，全面分析和理解数据的高层语义是亟待解决的关键问题。总体来看，多模态学习方法的挑战主要集中在数据的“融合”和“挖掘”两个方面。

1. 多模态数据融合

多模态数据特征具有异构性，不同模态数据在格式、类型和属性上的差异性导致多模态数据分析和处理的复杂性较高。如何对多模态数据的异构特征进行统一表征和建模是多模态数据融合面临的挑战。此外，在多模态数据中，相同的样本在不同模态特征空间的分布可能具有差异性，为了有效融合不同模态的信息，需要对不同模态数据的特征空间进行对齐，确保对多模态数据分析和理解的一致性和准确性。不同模态的数据通常表达了不同的语义信息，各个模态数据之间往往存在语义鸿沟，从一个模态向另外一个模态进行转换和迁移十分困难，即不同模态数据之间的语义差异性会让多模态数据融合变得非常复杂。在多模态数据融合过程中，多模态数据中的丰富信息也是一个主要的挑战，即如何有效地结合来自不同模态的数据，同时最大限度地减少信息损失，并且确保多模态数据融合对于解决特定的研究问题来说是有效的。此外，在融合多模态数据时，数据中的不可靠信息和噪声可能会影响融合结果的准确度。因此，多模态数据融合方法需要具备良好的鲁棒性，以有效克服噪声对结果造成的负面影响。

2. 多模态数据挖掘

多模态数据通常存在一定的缺失性，包括特征的缺失性和标注的缺失性，这些信息的缺失导致现有方法难以有效挖掘数据的高层语义。受到真实世界复杂环境的影响，多模态数据在采集、传输、存储的过程中非常容易出现特征的缺失，从而出现不完整的多模态数据。传统方法通常假设多模态数据的特征是完整的，因此无法有效处理特征存在缺失的多模态数据。当多模态数据的特征出现缺失时，如何有效补全缺失的特征，减少由于特征缺失而导致的多模态信息挖掘错误是需要解决的问题。此外，多模态数据标注信息也通常存在严重的缺失。例如，在开放的网络环境中，多模态数据通常由用户和组织机构产生并传输，这些数据往往缺乏统一、有效的数据标注信息，这让多模态学习模型无法获得有效的监督信息，需要通过无监督的方式从海量多模态数据中挖掘出有价值的信息。此外，多模态数据之间的关联通常动态变化，不同模态的质量会随着时间和环境的发展而变化。例如：对于自动驾驶场景，在白天等光照充足的条件下，摄像头就可以提供稳定可靠的信息；当黑天、雨天或雪天等视线不好的条件下，激光雷达就可以提供更准确的环境信息。多模态数据的挖掘过程需要考虑模态质量会随着环境不断变化的这一特点，才能保证多模态数据挖掘结果的可靠性和有效性。

多模态数据的融合和挖掘是两个紧密相连的任务：一方面，从多模态数据中挖掘有价值的信息，需要充分融合多个模态的数据，让模态之间相互补充；另一方面，多模态挖掘结果可以指导多模态融合过程，提升融合的准确性和有效性。总的来说，多模态学习方法需解决信息融合和数据挖掘这两个具有挑战性的问题，以更高效地利用多模态数据，并提高多模态学习任务的性能。对于这两个具有挑战性的问题，本书将展开详细的讨论和解析。

1.3 本书主要内容

本书在多模态大数据分析的背景下，围绕多模态学习中的融合与挖掘这两个关键问题，分别对多模态数据聚类、多模态数据语义标注、多模态数据半监督分类和多模态数据可信分类等多个任务进行介绍和研究，并提出了相应的学习模型和优化方法。针对多模态数据聚类，本书提出了基于聚类引导自适应结构增强网络的多模态聚类方法，以克服数据结构丢失造成的融合不准确等问题，该方法获得了更准确的融合结果并进一步提升了数据聚类性能。另外，本书提出了基于鲁棒多样化图对比学习的多模态聚类方法，通过提取多样化的数据结构信息和鲁棒的损失函数，获得了更稳定可靠的聚类结果。本书还提出了基于深度神经网络的鲁棒多模态聚类方法，通过细粒度的多模态特征提取能够生成更全面的数据描述，从而获得更准确的聚类结果。针对多模态数据语义标注，本书提出了基于深度相关预测子空间学习的半监督多模态数据语义标注方法，利用子空间学习方法对不同模态的信息进行融合和表示，通过引入共享和私有的标签预测器对标签信息进行精准预测。针对多模态数据半监督分类，本书提出了基于深度受限低秩子空间学习的多模态半监督分类方法，通过整合深度约束矩阵分解、低秩子空间学习和类标签学习，共同学习数据相似性矩阵并获得标签预测结果。针对多模态数据的可信分类，本书提出了一种新颖的基于置信度评估的可信多模态分类方法，通过增强多模态编码获取判别性的数据表示，并设计置信度感知估计器来衡量分类的可靠性，从而实现更优的分类性能。通过对以上方法的研究,本书能够提供一种高效的多模态数据融合和挖掘方法,从而从多模态数据中获取有价值的信息。本书的主要内容总结如下。

1. 基于聚类引导自适应结构增强网络的多模态聚类方法

多模态聚类利用不同模态(如图像的颜色、纹理、周围文本、深度特征;网页的文本、图像、视频等)提供的互补信息,生成更完整的数据描述,提高聚类性能。然而,在实际应用中,由于数据采集设备发生的故障或环境的变化,经常会出现信息丢失的情况,这让传统的多模态聚类方法面临挑战。为解决不完整的多模态数据聚类问题,目前已经提出了多种不完整多模态聚类方法。这些方法通常基于矩阵分解、图学习、多核学习等技术,通过不同方式处理不完整多模态数据。尽管目前取得了一定进展,但仍存在一些问题。例如,现有方法难以从缺失的模态中恢复完整的数据结构,无法充分利用全局结构信息和局部结构信息,忽略了模态的可靠性和准确性对聚类过程的影响。为了解决这些问题,本书提出了一种新的不完整多模态聚类方法。它通过端到端的可训练框架,将多模态结构增强和数据聚类整合。它包括多模态自编码器模块、自适应多模态图结构提取模块和聚类引导的结构增强模块。本方法通过利用全局结构信息和局部结构信息,结合多核聚类为不同模态分配权重,从而提高聚类的可靠性和准确性。

2. 基于鲁棒多样化图对比学习的多模态聚类方法

多模态聚类需要利用不同模态数据之间的互补性,这对于准确融合多模态信息至关重要。传统方法通常假设数据在所有模态中都是完整的,但实际应用中,数据不完整的情况是非常常见的。为此,有许多不完整多模态聚类方法被提出,这些方法通常基于矩阵或张量分解、图学习以及基于深度学习的高层表示学习。尽管现在有多种不完整多模态聚类方法,但仍面临三个关键挑战:首先,这些方法未能充分利用多模态数据中的丰富结构来减少由模态缺失引起的信息损失;其次,大多数方法忽略了噪声样本和不同模态的可靠性差异;最后,它们往往没有考虑多模态表示学习和聚类任务之间的相互作用。为了解决这些问题,本书提出了一种基于鲁棒多样化图对比学习的不完整多模态聚类方法,该方法通过结合多模态表示学习和鲁棒多样化图对比正则化来提高多模态表示的判别性和聚类性能。该方法包括自适应融合层、多样化图对比正则化和聚类引导的图对比正则化，以准确捕获共享信息和独特信息，减少模态缺失问题的影响，处理噪声样本和不可靠模态。此外，通过联合进行多模态表示学习和数据聚类，增强这两个任务的相互作用，从而提高聚类性能。

3. 基于深度神经网络的鲁棒多模态聚类方法

多模态聚类方法通过整合多个来源的数据(如传感器和摄像头数据)来提取有价值的信息，提升数据聚类的有效性。多模态聚类属于无监督学习方法，可以使用所有可用模态来发现共同的聚类结构。目前的多模态聚类方法主要分为两类：基于浅层学习的方法和基于深度神经网络的方法。基于浅层学习的方法，如典型相关分析(CCA)、子空间、矩阵分类和基于图的方法，在处理非线性特征和计算复杂性方面存在挑战，容易受到数据噪声对聚类结果的影响。基于深度神经网络的方法已经展示出明显的优势，能够有效提高特征表示的质量及聚类的有效性。本书提出了基于深度神经网络的鲁棒多模态聚类方法，该方法引入了一种自注意力增强的细粒度信息融合框架，能够从不同模态中提取细粒度信息，生成全面的数据描述，并有效地融合这些信息以实现准确的聚类。首先通过使用一维卷积核的细粒度信息提取层提取每个模态中的细节信息，然后利用自注意力机制来识别有效的和无效的细粒度特征成分，最后通过统一多模态聚类模块进一步对齐不同模态的表示，并使用聚类结果来引导和增强多模态表示学习。

4. 基于深度相关预测子空间学习的半监督多模态数据语义标注方法

在实际应用中，多模态数据可能会同时出现标注信息和特征缺失，导致传统多模态方法的性能下降。针对该问题，有一些不完整多模态无监督或半监督学习方法被提出。这些方法通常使用矩阵分解模型寻找公共潜在的子空间，以及采用正则化、$l_{2,1}$-范数和谱聚类等技术进行共享表示学习和相似图学习。这些方法旨在利用标签相关性来减少信息缺失对多模态分类性能的影响。然而现有方法仍存在一些问题未能很好地解决：大多数现有的方法基于浅层模型，无法学习复杂数据的鲁棒表示；现有方法通常忽略了对多模态数据中共享的信息和独立的信息成分的区分,从而阻碍了分类性能。为了解决这些问题,本书提出了一种基于深度相关预测子空间学习的半监督多模态数据语义标注方法。通过集成半监督深度矩阵分解、相关子空间学习和多模态类标签预测,共同学习深度相关预测子空间、共享标签预测器和私有标签预测器。所提方法能够学习适合类标签预测的子空间表示,通过将标签信息融入深度矩阵分解模型,利用数据相关性使不完整多模态数据相互补充,并引入共享标签预测器和私有标签预测器以提高语义标注的准确性。

5. 基于深度受限低秩子空间学习的多模态半监督分类方法

由于现实世界中多模态数据通常缺乏有效的标注信息,如何在数量有限、质量较低的标注条件下训练多模态学习模型具有重要的研究意义。深度矩阵分解模型能更好地揭示数据的内在分布并提取有效而稳定的数据特征表示。多模态数据的相似性矩阵通常具有低秩性,然而现有方法忽略了矩阵的低秩性可以进一步提升模型性能这一点。为了解决以上问题,本书提出了一种基于深度受限低秩子空间学习的多模态半监督分类方法。该方法将深度受限矩阵分解、低秩子空间学习和类标签学习集成到统一的学习框架中,共同学习数据相似性矩阵和类标签矩阵。该方法能够学习每个模态的判别子空间表示,聚合多模态相似性矩阵以获得一致的分类结果。另外,该方法使用深度矩阵分解将信息嵌入潜在子空间,然后通过子空间聚类提取每个模态的权重,最后采用加权对称矩阵分解以实现更精确的分类。

6. 基于置信度评估的可信多模态分类方法

虽然多模态学习方法相较于单模态学习方法取得了更好的结果,但当多模态数据中出现噪声时,现有多模态学习方法的分类效果仍会受到影响。为解决这一问题,可信多模态分类方法被越来越多的研究者所重视。现有部分方法通过Dempster-Shafer(DS)融合理论在证据级别动态融合不同模态的数据,提高了分类结果的可靠性并减少了噪声的影响。然而,现有方法在决策层的融合策略和对远离决策边界的样本置信度评估上仍然存在不准确等问题,导致最终分类结果可靠性降低。本书提出了一种基于置信度评估的可信多模态分类方法,该方法包括多模态增强编码、多模态置信度感知融合和多模态分类正则化 3 个主要功能模块，共同评估预测结果的置信度并产生可信的分类结果。通过结合前期融合策略和后期融合策略，获得可靠而具有判别性的多模态数据的潜在表示。另外，本书设计了置信度感知评估器来判断分类结果的可靠性。

第2章 研究现状

2.1 本章导读

随着互联网和信息技术的快速发展,图像、视频和音频等数据在网络上大量出现并传播,多模态数据呈现爆炸式的增长,对人们的学习、工作和生活等各方面产生了巨大的影响。随着机器学习、人工智能和大数据等相关领域的发展,数据从以往仅依靠单一模态的表达方式发展为基于多个模态的表达方式。通过利用多个模态的信息,人们能够对数据进行更加全面且准确的描述,从而更好地进行数据分析和内容理解等。由于各个模态的数据物理意义和统计特性不同,传统处理单一模态数据的方法无法很好地适应多模态数据的特性,也无法让多个模态的信息相互补充,因此不能发挥出多模态数据的优势。为了有效地分析和处理多模态数据,研究者开展了一系列关于多模态学习的研究工作。现有的多模态学习工作主要分为两个方面:多模态聚类和多模态分类。本章将介绍多模态聚类和多模态分类的研究现状。

2.2 多模态聚类

多模态聚类方法可以分为两个类别:基于浅层模型的多模态聚类方法和基于

深度模型的多模态聚类方法。基于浅层模型的方法主要是指使用传统的机器学习模型进行多模态聚类的方法。基于深度模型的方法主要通过基于深度神经网络进行多模态聚类。

基于浅层模型的多模态聚类方法包括多种实现方式。有些方法使用非负矩阵分解(NMF)来寻找多模态数据之间的共同潜在因子[8-9]。Cai 等人[10]将多模态聚类表述为具有跨越不同模态共享的聚类指示矩阵的受约束矩阵分解问题。有些方法采用自学习的方式来建立样本之间的关系[11-14]。文献[15]提出同时学习共享的一致表示和模态内的特定表示,用于多模态子空间聚类。有些方法利用降维模型首先学习低维子空间,然后使用现有的聚类算法获得聚类结果[16]。典型相关分析(CCA)[17]是多模态聚类的代表性方法,它通过最大化相关性将多模态高维数据投影到低维子空间。还有一些方法利用图模型进行多模态聚类[18-19]。这类方法的基本思想是找到多个模态的共享图矩阵,然后使用图割算法(例如谱聚类)在共享图上获得聚类结果。以上方法的问题在于它们使用了浅层模型和线性的嵌入函数,无法揭示复杂数据的非线性特性。为此,有些方法借助核函数来解决这个问题[18,20-23]。这类方法通常需要预先构建一些核函数,例如高斯核函数、多项式核函数等,再使用核函数来建立不同模态下数据的关联关系。这些核函数以线性或非线性方式结合起来,形成统一的核矩阵。这类方法的难点在于核函数的选择和结合方式。

由于强大的特征提取和表达能力,基于深度模型的多模态聚类方法受到了研究者越来越多的重视[10,13,16,24-25]。深度多模态聚类方法可以分为两类:一阶段的方法和两阶段的方法。两阶段的深度多模态聚类方法[24,26]侧重从多个模态中先学习显著的特征,而后利用已学习的特征执行聚类任务。特征的学习过程和聚类任务之间往往是没有联系的。Xie 等[27]提出聚类结果可用于提高特征表示学习的质量,特征提取和聚类任务之间具有较强的关联性。因此,一阶段的深度多模态聚类方法侧重将特征学习与聚类任务集成到统一框架中,以实现端到端聚类[28-29]。Lin 等[28]设计了统一的张量学习框架并用于不完整多模态聚类和缺失模态的推理。Xu 等[29]设计了新的指标将模态特征解耦合,从而学习模态共享和模态特有的信息,实现多模态数据聚类。这种方法严格依赖于特征解耦合的方法,并且特征解耦合的方法的选择会对特征表示学习产生重大影响。Zhou 等[30]设计了一种对抗注意力网络,并将其用于多模态聚类,该网络包括特定模态学习模块、模态融合模块和聚类模块,其通过优化编码器网络上的对抗性目标函数来对齐模态表示,然后将所得到的表示根据加权平均值进行融合,加权权重通过对抗注意力网络得到。该网络中所有模态的质量认为是相等的,而实际上不同模态特征的质量往往是参差不齐的。Daniel 等[31]提出了一种能够协调不同模态质量的一阶段模型,其采用自适应权重的方式考虑了不同模态的质量,并设计了一种自开闭的基于对比学习的对齐模块,该对齐模块能够根据不同模态的质量来调整对齐的力度。Tang 等[32]提出了一种避免由于模态数量增加而造成性能下降的风险的策略。该策略将模态分为 3 部分,即新加入的模态、旧的模态和全部模态,并对这 3 部分的特征表示进行加权融合,可以动态地控制新加入的模态对已有模态的影响,从而降低了由新加入的模态造成性能下降的风险。

上述深度多模态聚类方法仍然是模态级别的加权融合而不是样本级别的。不同样本在不同模态下的质量仍然有可能是不同的,因此基于样本级细粒度的多模态融合方法亟待研究。多模态数据包含两种信息,即所有模态的公共语义和单个模态的模态私有信息。在多模态学习中,学习公共语义并避免无意义的模态私有信息的误导仍然是一个有待研究的问题。当前的模型通常需要在隐表示上执行重构约束。重构约束会使得特征包含模态私有信息,而一致性约束会使得特征学习公共语义而忽略模态私有信息。Xu 等[33]提出了一种避免重构约束和一致性约束冲突的多模态聚类方法,它在隐表示上执行重构约束,而在一个更低维的特征空间上执行一致性约束,这种方法在一定程度上缓解了两者的冲突。目前的深度多模态聚类方法通常采用神经网络来提取用于聚类任务的特征。然而,所得到的特征通常是多模态数据的粗粒度描述,其判别能力有限。细粒度信息能够提供更全面的数据描述和详细的信息。因此,利用多模态数据的细粒度特征对于多模态聚类具有重要意义。

此外,流式数据聚类是一类重要的数据聚类方法,其专门用于处理连续生成的、大量的、快速变化的数据流。与传统的批量数据聚类不同,流式数据聚类需要实时或近实时地处理数据,并在有限的时间和空间资源下做出决策。流式数据聚类的特点决定了它具有自己独特的挑战:第一,数据往往是动态产生的,数据流通常被视为无限的,因为数据会持续不断地到来;第二,要求一次性处理数据,由于数据持续不断地产生,通常只能对每个数据点进行一次处理,然后将其丢弃或存储在外部存储中;第三,时间敏感性,随着时间的推移,数据流的特性可能会发生变化

(概念漂移)。因此,数据聚类模型需要能够适应这些变化;第四,资源的有限性,考虑数据流的速度和大小,流式数据聚类算法必须在有限的内存和计算时间内工作;第五,噪声和异常值问题,数据流可能包含大量的噪声和异常值,这些数据需要被正确地处理。现有的流式数据聚类方法可以分为3类:基于增量学习的聚类算法、基于动态增量学习的聚类算法以及基于非参贝叶斯的流聚类算法。

基于增量学习的聚类算法是通过融合增量学习技术与传统聚类算法来构建的。这种方法采用了一种逐步的学习策略,允许模型在接收新数据时更新其聚类决策,而无需重新处理整个数据集。通过这种方式,算法能够在保持历史聚类信息的基础上,动态地适应数据流的新样本和新模式。增量 K-Means 算法[34]引入了一种改进的 K-means 聚类算法,旨在更有效地处理数据流或逐步到达的大规模数据集。在传统的 K-means 算法中,聚类过程通常需要对整个数据集进行多次迭代,直到达到收敛条件。这种算法在处理静态数据集时效果显著,但在面对实时更新的数据流时,它要重复整个聚类过程,这在计算上是不可行的。此外,还有一些方法将增量学习的方法融合到各种聚类算法上,比如增量 DBSCAN[35-36]、增量模糊聚类[37-39]、增量遗传算法[40-41]等,这些算法都在解决动态的数据流问题,并在一次性处理数据的问题上做出了尝试,但是并没有解决概念漂移问题。

基于动态增量学习的聚类算法是基于增量学习的聚类算法的改进版本。文献[42]提出了一种动态增量 K-Means 聚类算法,它能够随着新数据的加入实时更新聚类结果,通过调整现有聚类中心来适应数据的变化,这避免了传统 K-means 算法需要重新计算整个数据集的问题。这种算法适用于数据流和变化快速的环境,可提高聚类分析的效率和可行性。

基于非参贝叶斯的流聚类方法主要包括基于狄利克雷过程混合模型的聚类算法。狄利克雷过程混合模型不需要提前指定类别的个数并且能够自动推理类别的个数,天然地可适应流数据聚类的场景。文献[43]提出了一种适用于流数据场景上的狄利克雷过程混合模型,克服了类别个数不确定问题、无限数据流问题、概念漂移问题以及有限资源问题,但其对异常值没有做出合理的处理。文献[44]将狄利克雷过程混合模型与深度神经网络相结合,充分利用深度神经网络的表示学习能力和狄利克雷过程混合模型处理不确定类别个数的能力。此外,MVStream[45]是一种多模态流式数据聚类算法,它采用浅层模型提取多模态特征,利用支持向量来整合多模态信息以及总结历史多模态数据的统计量。然而,仅仅依赖单一的支持向量很难对多模态信息进行有效整合,这限制了聚类的性能。尽管现有多模态流式数据聚类算法能够对数据流进行聚类,但它们尚未利用深度学习模型的特征提取和抽象能力,也未考虑多模态数据流的特定需求。在此背景下,探索如何将狄利克雷过程混合模型与深度神经网络相结合,并将其应用于多模态流式数据聚类,不仅具有重要的学术价值,而且对于实际应用场景也具有重要意义。

2.3 多模态分类

面对海量的数据,使用单一模态信息进行聚类得到的性能往往并不高。随着多模态学习的快速发展,人们发现使用多模态数据进行分类效果会更好,目前也有很多研究者对多模态分类模型做了深入的探究。相较于传统的单一模态学习算法,多模态学习能够利用同一类别之间的一致性和互补性,提升分类器的性能[46-47]。近年来,研究者提出了一系列基于多模态学习的分类算法[48-50]。

Sindhwani 等[46]提出了一个基于多模态规范化的分类模型。Tang 等[49]提出了 SVM-2K 算法,该算法融合了两种不同模态的数据,并将其纳入了一个多模态的学习架构中,以此来提升分类任务的效能。一些研究者采取了将两个一维投影对进行匹配的方法,以此来约束不同模态所带来的影响,并借此构建了一个新的分析框架。在此框架中,Sun 等人[50]通过融入多模态合作正则化因子,提出了一种多模态分类方法(GEPSVM),该方法将复杂的优化问题转化为求解广义特征值的问题。然而,这种做法可能会使得离散的数值对最终结果产生负面影响。Huang 等人[51]对此进行了改进,提出了一种稳健广义特征值近似支持向量机。该方法的核心在于探究不同范数对算法稳健性的作用,并引入 Lp 范数来取代传统的 L2 范数,目的是减少异常值对分类效果的影响。与之类似,其他研究如文献[52-54]中也提出了用 L1 范数来替换 L2 范数,从而计算样本到超平面的距离。Yan 等人[55]提出了一种新型的支持向量机模型,该模型解决了奇异值问题,并采用基于 L1 范数的广义特征值近似邻近法,增强了算法的稳定性。此外,Nicholas 等[56]提出了采用 L1 范数进行特征提取与降维的模型[57],这进一步证实了 L1 范数在多个领域的适用性。

然而,上述多模态分类方法往往只能给出最后的分类结果,并没有给出分类结果的置信度评分，这就导致在一些对置信度值有很高要求的领域并不能很好地应用(例如航天、医疗、自动驾驶等)。因此亟须提出可信的分类方法，可以对分类结果的置信度进行评分和估计。有一些研究者已经在这方面做出了研究。典型的置信度网络往往是通过将多个样本得到的结果预测值与这个预测值区间内的分类准确率对齐。Kull 等人[58]提出了 β 校准的方法，为了在可变类别分布和错误分类成本下做出最佳决策，分类器需要产生经过良好校准的后验概率估计。等渗校准是一种强大的非参数方法，但在较小的数据集上容易过度拟合，因此，通常使用基于逻辑曲线的参数化方法。虽然逻辑校准是为正态分布的每类分数设计的，但实验表明，包括朴素贝叶斯和 Adaboost 在内的许多分类器都存在特定的失真。作者使用基于 β 分布的校准类解决了这些问题，且从第一性原理推导出该方法，并表明拟合它就像拟合逻辑曲线一样简单。大量实验表明，β 校准优于朴素贝叶斯和 Adaboost 的逻辑校准。大多数多类别分类器预测的类别概率是未经校准的，通常倾向于过度自信。在神经网络上可以通过温度缩放来改进校准，这是一种为最后一个 softmax 层的输入学习单个校正乘法因子的方法。在非神经网络上，现有方法以成对或一对一的方式应用二进制校准。Gal 等人[59]提出了一种新的不确定性估计方法，将深度神经网络中的 dropout 训练方法视为深度高斯过程中一种近似贝叶斯推理方法。这一方法有助于减少深度学习中不确定性表示，且不会增加计算复杂性或降低测试准确性。作者对 dropout 的不确定性进行了广泛的研究，并以 MNIST 数据集为例，在回归和分类任务上评估了各种网络架构。与现有的方法相比，该方法在对数似然和均方根差(RMSE)等指标方面取得了提升。为了评估多模态数据分类结果的置信度，可信多视图分类(TMC)[60]和改进的多视图分类(ETMC)[61]使用了 DS 融合理论在证据级别动态融合不同模态的数据，因此提高了分类结果的可靠性并减少了噪声对分类结果的影响。然而，当整合来自多个模态的不确定性信息时，TMC 不能保证整体不确定性是减少的。为了解决这个问题，文献[62]提出一种可信多模态分类方法，该方法基于证据累计的方式整合了分类结果，通过增加证据支持类的概率，降低无效证据的影响，从而提高多模态分类的可靠性。然而，现有的可信多模态分类方法仍然有一些问题没有得到很好地解决。现有很多方法[60,62-63]使用后融合策略进行数据分类，最终的分类结果是在决策层对各个单一模态的分类结果进行融合得到的。由于单一模态信息的不足以及噪声的影响，其分类结果可能是不准确的，而融合不可靠的分类结果可能导致最后的分类性能表现较差。还有一些方法[60-61]在对远离决策边界的样本评估置信度时存在过度自信的现象,这就导致最后分类结果的可靠性也变得很低。因此,现有的可信多模态分类方法仍然存在很多问题亟待解决。

第3章 基于聚类引导自适应结构增强网络的多模态聚类方法

3.1 本章导读

从不同方面对某一个对象进行描述可以构成多模态数据。例如，图像可以通过不同的特征来描述，如颜色、纹理、周围文本或深度特征。网页的内容可以通过文本、图像和视频等来描述。每个模态都包含一些其他模态所没有的特定信息。因此，利用多模态可以获得多模态的互补信息，生成更完整的数据描述。多模态聚类旨在利用不同模态的多样性和互补性特征来提高聚类性能，目前已经提出了一系列多模态聚类方法[64-67]。

在实际应用中，由于数据采集设备故障或环境变化，每个模态经常会出现信息缺失的问题[68-69]。例如，互联网数据包含的数据模态信息各异，有的网页只包含了文本信息，有的网页同时包含了文本信息和图像信息。然而，传统的多模态聚类方法假设每个样本的所有模态都是完整可用的，而这无法很好地处理不完整的多模态数据。如何让现有的多模态学习方法在模态缺失的情况下具有自适应的能力是一项具有挑战性和意义的工作。

为了从不完整的多模态数据中进行数据聚类，研究者提出了多种不完整的多模态聚类方法[70-72]。有些方法采用矩阵分解模型从不完整多模态数据中提取一致矩阵。文献[68]建立了一个潜在子空间，其中不同模态中相对应的样本彼此接近。

文献[73]采用图拉普拉斯项对不完整多模态样本进行耦合与增强。文献[74]集成了加权非负矩阵分解和 $l_{2,1}$ 正则化来处理不完整的多模态数据。此外,一些方法采用多图学习或多核学习进行不完整多模态聚类[75-76]。文献[77]通过正则化矩阵分解模型直接获得大规模多模态数据的聚类结果。文献[78]采用谱扰动理论,从不完整多模态数据中学习一致拉普拉斯矩阵进行聚类。文献[79]将核输入和聚类集成到一个统一的学习过程中,可以自适应地输入和组合不完整的核进行聚类。

除了上面提到的基于浅层模型的方法外,还提出了一些基于深度模型的不完整多模态聚类方法[80-81]。AIMC[82]学习共识潜在空间并同时执行缺失数据推理,其中使用生成对抗网络来推断缺失数据。CDIMC-net [83]将特定于模态的深度编码器和图嵌入一个框架中,以捕获每个模态的局部结构,并采用自定节奏策略来训练深度模型。基于深度模型的不完整多模态聚类方法可以很好地处理多个模态之间的差异和依赖关系,因此比基于浅层模型的方法具有更好的聚类性能和更广阔的应用前景。

尽管不完整多模态聚类领域已取得了重大进展,但仍存在一些问题。首先,当缺少一些模态时,将很难获得完整的数据结构。现有的方法大多无法补全缺失的特征来提取内在的数据结构。其次,全局结构和局部结构对于多模态聚类来说都是必不可少的,但现有大多数方法都不能同时使用它们,从而不能全面地利用数据的结构信息。最后,不同模态的可靠性和准确性是不同的,因此不同模态在聚类过程中应该具有不同的重要性。然而,现有的基于深度模型的聚类方法忽略了这一因素,使其聚类性能受到限制。

为了解决上述问题,本章提出了一种新的不完整多模态聚类方法,即基于聚类引导自适应结构增强网络(CASEN),其结构如图 3.1 所示。即构建了一个端到端的可训练框架,用于联合多模态结构增强学习和数据聚类过程。所提方法由多模态自编码器模块、自适应多模态图结构提取模块和聚类引导的结构增强模块组成。多模态自编码器用来提取多模态数据的全局结构,并推断不完整样本的缺失特征。然后再利用自适应图学习和图卷积网络来提取和编码数据的局部结构。该方法通过学习最适合聚类任务的图表示,可以准确提取数据的局部结构。另外,为了获得鲁棒可靠的聚类结果,本方法采用多核聚类对模态赋予不同的权重,并将全局结构和局部结构结合起来。通过自监督策略,将聚类结果用于监督网络训练,从而增强学习到的数据结构。最后在多个基准数据集上进行了全面的实验来研究所提出方法的特性,实验结果表明本方法的性能优于当前已有的多模态聚类方法,证明了本章所提方法的优势。本方法的主要贡献总结如下。

① 提出了一种新的深度学习框架来重建缺失的模态，并从重建的完整的多模态数据中学习数据结构。本方法可以从不完整的多模态数据中挖掘和提取出全面的数据结构，以减少缺失模态对结构学习的影响。

② 利用全局结构和局部结构揭示了多模态数据的复杂关系和内在分布。该方法可以有效地保留全局结构信息和局部结构信息，并将其编码到网络的潜在表示中，从而获得更好的聚类性能。

③ 为了获得更可靠的聚类结果，本章引入了多核聚类策略，根据模态的重要性分配融合权重来实现聚类。在网络训练过程中，多核聚类和结构学习可以相互促进，从而进一步增强学习到的数据结构。

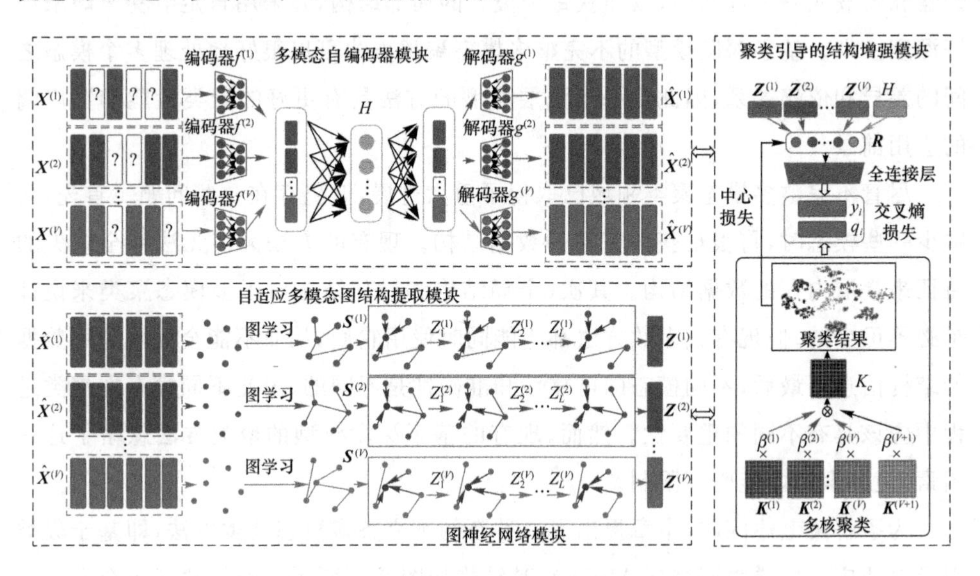

图 3.1　基于聚类引导自适应结构增强网络结构

3.2 方法设计

3.2.1 定义问题

V 个模态和 n 个样本的不完整多模态数据可以用矩阵 $\{\boldsymbol{X}^{(v)}\}_{v=1}^{V}$ 表示，其中

$\boldsymbol{X}^{(v)}=[x_1^{(v)},x_2^{(v)},\cdots,x_n^{(v)}]^{\mathrm{T}}\in\mathbb{R}^{n\times m_v}$，$m_v$ 是第 v 个模态的特征维数。如果第 i 个样本 $x_i=\{x_i^{(1)},x_i^{(2)},\cdots,x_i^{(V)}\}$ 失去了第 j 个模态的特征，则 $x_i^{(j)}$ 被 0 填充。假设每个样本不会丢失所有模态的特征。本方法的目标是将 n 个未标记的多模态数据样本聚类到 c 类中。

3.2.2 多模态自编码器模块

不同的模态有不同的物理含义，它们不能直接比较。因此，我们引入多模态自编码器来获得多模态数据的潜在表示。通过训练多模态自编码器对数据进行编码和解码，潜在表示可以很好地挖掘多模态数据的全局结构，并充分保留多模态的互补信息。此外，多模态自编码器可以通过重构过程来推断出不完整样本的缺失模态，使模型能够学习多模态数据的完整图表示。

多模态自编码器由若干特定模态的编码器 $\{f^{(v)}\}_{v=1}^{V}$ 和相应的解码器 $\{g^{(v)}\}_{v=1}^{V}$ 组成。为了获得多模态数据的潜在表示，使每个模态的编码器 $\{f^{(v)}\}_{v=1}^{V}$ 共享相同的顶部隐藏层，使它们具有相同的输出。当样本 x_i 输入编码器时，编码器的输出 h_i 将作为 x_i 的潜在表示。每个模态的解码器都需要对原始数据进行重构。解码器重构过程为 $\hat{x}_i^{(v)}=g^{(v)}(h_i)$，$\forall\, v=1,\cdots,V$。注意，解码器可以生成所有模态的特征，因此可以推断出不完整样本的缺失模态。重构数据记为 $\hat{X}^{(v)}=[\hat{x}_1^{(v)},\hat{x}_2^{(v)},\cdots,\hat{x}_n^{(v)}]^{\mathrm{T}}\in\mathbb{R}^{n\times m_v}$。多模态自编码器的损失函数定义为

$$\mathcal{L}_R=\frac{1}{2n}\sum_{v=1}^{V}\|\boldsymbol{X}^{(v)}-\boldsymbol{P}^{(v)}\hat{\boldsymbol{X}}^{(v)}\|_F^2 \tag{3-1}$$

其中，$\boldsymbol{P}^{(v)}\in\mathbb{R}^{n\times n}$ 是记录模态缺失信息的对角矩阵。如果第 i 个样本在第 v 个模态中可用，则 $P_{ii}^{(v)}=1$，否则，$P_{ii}^{(v)}=0$。通过训练多模态自编码器重构数据，学习到的潜在表示 $\boldsymbol{H}=[h_1,h_2,\cdots,h_n]^{\mathrm{T}}\in\mathbb{R}^{n\times k_h}$ 可以捕获多模态数据的全局结构，为数据聚类提供有效的表示。

3.2.3 自适应多模态图结构提取模块

虽然多模态自编码器模块能够捕获多模态数据的全局结构，但它忽略了样本的局部结构。在自适应多模态图结构提取模块中，引入自适应图结构学习来获得多

模态数据的图表示,并利用图卷积网络(GCN)进一步提取和探索多模态数据的局部结构信息。

给定重构的多模态数据$\{\hat{\boldsymbol{X}}^{(v)}\}_{v=1}^{V}$,本方法的目标是学习每个模态相似度矩阵$\boldsymbol{S}^{(v)}\in\mathbb{R}^{n\times n}$的图,以表示样本之间的成对关系。受文献[84]启发,可通过v个单层神经网络实现自适应图学习,该神经网络由权重向量$\boldsymbol{a}^{(v)}\in\mathbb{R}^{m_v\times 1}$实现参数化。设$S_{ij}^{(v)}$表示第$v$个模态$x_i$和$x_j$之间的相似性,它可以通过以下方式计算:

$$S_{ij}^{(v)}=\frac{\exp(\sigma(\boldsymbol{a}^{(v)^{\mathrm{T}}}\mid \hat{x}_i^{(v)}-\hat{x}_j^{(v)}\mid))}{\sum_{k=1}^{n}\exp(\sigma(\boldsymbol{a}^{(v)^{\mathrm{T}}}\mid \hat{x}_i^{(v)}-\hat{x}_k^{(v)}\mid))} \tag{3-2}$$

其中,$\sigma(\cdot)$是激活函数。对$\boldsymbol{S}^{(v)}$的每一行进行 softmax 运算可以保证学习到的图满足以下性质:

$$\sum_{j=1}^{n}S_{ij}^{(v)}=1,\quad S_{ij}^{(v)}\geqslant 0 \tag{3-3}$$

为了保证图能很好地捕捉多模态数据的局部结构信息,采用以下损失函数学习图$\boldsymbol{S}^{(v)}$和权向量$\{\boldsymbol{a}^{(v)}\}_{v=1}^{V}$:

$$\mathcal{L}_G=\frac{1}{n}\sum_{v=1}^{V}\Big(\sum_{i,j=1}^{n}\|\hat{x}_i^{(v)}-\hat{x}_j^{(v)}\|_2^2S_{ij}^{(v)}+\lambda\|\boldsymbol{S}^{(v)}\|_F^2\Big) \tag{3-4}$$

其中,λ是控制学习图$\boldsymbol{S}^{(v)}$稀疏度的权衡参数。通过调整$\boldsymbol{S}^{(v)}$的稀疏度,可以自适应地建立多模态数据的邻域关系和局部结构。

接下来,引入 GCN 进一步提取多模态数据的局部结构信息,并将其编码为潜在表示。对于第v个模态,$\boldsymbol{Z}_l^{(v)}$是 GCN 的第l层学习到的表示,可以通过以下操作获得

$$\boldsymbol{Z}_l^{(v)}=\sigma(\boldsymbol{D}^{(v)^{-1/2}}\boldsymbol{S}^{(v)}\boldsymbol{D}^{(v)^{-1/2}}\boldsymbol{Z}_{l-1}^{(v)}\boldsymbol{W}_{l-1}^{(v)}) \tag{3-5}$$

其中,$l\in\{1,\cdots,L\}$,$\boldsymbol{D}^{(v)}$是一个对角矩阵,其对角元素为$D_{ii}^{(v)}=\sum_{j=1}^{n}S_{ij}^{(v)}$,$\boldsymbol{W}_{l-1}^{(v)}$是卷积层的权矩阵,$\sigma(\cdot)$是激活函数。将重构的多模态特征作为 GCN 的初始节点特征,即$\boldsymbol{Z}_0^{(v)}=\hat{\boldsymbol{X}}^{(v)}$。为简化操作,GCN 的最后一层$\boldsymbol{Z}_L^{(v)}$记为$\boldsymbol{Z}^{(v)}\in\mathbb{R}^{n\times k_c}$。GCN 能够对局部结构和节点特征进行编码。因此,多模态数据的局部结构可以有效地编码为学习到的表示$\{\boldsymbol{Z}^{(v)}\}_{v=1}^{V}$。

3.2.4 聚类引导的结构增强模块

本节提出了聚类引导的结构增强模块来实现多模态数据的聚类。考虑模态的

可靠性不同，该模块采用多核聚类方法进行数据聚类[85]，为不同模态分配不同的权重，从而获得更准确的聚类结果。然后利用聚类结果并通过自监督策略以增强学习结构。本节将多核聚类与结构增强相结合，相互促进，进一步提高聚类性能。

在多核聚类中，$\kappa(\cdot)$为核函数。每个模态的核矩阵通过 $\boldsymbol{K}^{(v)}=\kappa(\boldsymbol{Z}^{(v)},\boldsymbol{Z}^{(v)})$来构建。此外，我们构建另一个核函数 $\boldsymbol{K}^{(V+1)}=\kappa(\boldsymbol{H},\boldsymbol{H})$来建模数据的全局结构。所有核函数通过加权的方式进行整合：$\boldsymbol{K}_u=\sum_{v=1}^{V+1}\beta^{(v)^r}\boldsymbol{K}^{(v)}$，其中，$\boldsymbol{\beta}=[\beta^{(1)},\beta^{(2)},\cdots,\beta^{(V)}]$是核的加权参数，$r$ 为控制 $\boldsymbol{\beta}$ 的稀疏度。多核聚类(MKC)的目标如下：

$$\begin{aligned}&\min_{\boldsymbol{Q},\boldsymbol{\beta}}\quad \mathrm{Tr}(\boldsymbol{K}_u(\boldsymbol{I}_n-\boldsymbol{Q}\boldsymbol{Q}^{\mathrm{T}}))\\&\text{s.t.}\quad \boldsymbol{Q}^{\mathrm{T}}\boldsymbol{Q}=\boldsymbol{I}_c,\quad \boldsymbol{\beta}^{\mathrm{T}}\boldsymbol{l}_{V+1}=1,\quad \boldsymbol{\beta}\in\mathbb{R}_+^{V+1}\end{aligned}\tag{3-6}$$

其中，$\boldsymbol{Q}\in\mathbb{R}^{n\times c}$是要学习的嵌入矩阵。求解式(3-6)的详细算法如算法 3.1 所示。通过对 $\boldsymbol{Q}$ 进行 K-means 聚类，每个样本 x_i 可以得到聚类结果 $q_i\in\{0,1\}^c$。

采用自监督策略，利用聚类结果指导网络训练。将多模态自编码器和 GCN 的输出按 $\boldsymbol{R}=[\boldsymbol{H}\|\boldsymbol{Z}^{(1)}\|\boldsymbol{Z}^{(2)}\|\cdots\|\boldsymbol{Z}^{(V)}]$进行连接，然后将 $\boldsymbol{R}$ 划分为全连接(FC)层。FC 层的输出用$\{y_i\in\mathbb{R}^c\}_{i=1}^n$表示。采用自监督策略，综合交叉熵损失和中心损失对整个网络进行训练[73]，具体方法如下：

$$\mathcal{L}_c=\frac{1}{n}\sum_{i=1}^{n}(\ln(1+\mathrm{e}^{-\bar{y}_i^{\mathrm{T}}q_i})+\theta\|r_i-\rho_{\phi_i}\|_2^2)\tag{3-7}$$

其中，$\bar{y}_i$ 是通过 softmax 对 y_i 进行的归一化。q_i 是 $\boldsymbol{R}$ 的第 i 行，表示第 i 个样本的串联表示。ϕ_i 为 q_i 的聚类指数，ρ_{ϕ_i} 为第 i 个样本对应的聚类中心。θ 是权衡参数。聚类结果 q_i 为网络训练提供了伪标签。注意，在聚类过程中，分配给聚类的标签索引经历了未知的排列。因此，来自两个连续聚类的类标签可能不一致。为了解决这个问题，本章采用匈牙利算法[86]，在连续迭代的伪标签之间寻找最优分配，然后将其输入损失函数，即式(3-7)中。

3.2.5 总损失函数

通过集成多模态自编码器模块、自适应多模态图结构提取模块和聚类引导的结构增强模块，提出了 CASEN 的整体损失函数。将式(3-1)、式(3-4)、式(3-7)中的损失函数放在一起，可以将端到端可训练框架表示为

$$\mathcal{L}=\mathcal{L}_R+\eta_1\mathcal{L}_G+\eta_2\mathcal{L}_C\tag{3-8}$$

其中，η_1 和 η_2 是每个成分重要性的权衡参数。通过优化式(3-8)，所提出的网络能

够共同增强多模态数据结构，获得有效的聚类结果。

3.2.6 网络的训练方法

① 预训练方法。在训练整个网络之前，使用损失函数，即式(3-1)，对多模态自编码器进行预训练，所有缺失模态的特征都用0填充。采用随机梯度下降法对多模态自编码器进行预训练。

② 多核学习方法。对于多核聚类，考虑保持方法的简单可用性，采用线性函数作为核函数。采用更新嵌入矩阵 $\boldsymbol{Q}$ 和更新核权值 $\boldsymbol{\beta}$ 交替进行的迭代算法。用拉格朗日乘子法推导出 $\boldsymbol{Q}$ 和 $\boldsymbol{\beta}$ 的更新规则。MKC的详细学习过程如算法3.2所示。

③ 整体网络的训练。在对网络进行预训练后，使用整体损失函数，即式(3-8)，对整个网络进行训练。具体来说，给定聚类结果，在 T_1 个循环中更新网络中的其他参数，然后执行多个核聚类来更新聚类结果。这两个步骤交替进行，直到网络得到很好地训练。初始聚类结果通过对预训练的多模态自编码器得到的 $\boldsymbol{H}$ 进行多核聚类得到。算法3.1给出了CASEN的详细学习过程。

算法3.1 CASEN的学习过程

输入： 输入数据 $\{\boldsymbol{X}^{(v)}\}_{v=1}^{V}$、权衡参数、网络参数、$T_{\max}$、$T_1$、iter=1。

1：预训练多模态自编码器并初始化网络的所有参数；
2：执行MKC以获得初始聚类结果；
3：　**while** iter $\leqslant T_{\max}$ **do**
4：　　给定聚类结果，通过优化整体损失函数式(3-8)更新网络 T_1 个epoch；
5：　　执行MKC更新算法3.2的聚类结果；
6：　　iter $\leftarrow$ iter+1；
7：　**end**

输出： 训练后的网络和聚类结果 $\{q_i\}_{i=1}^{n}$。

算法3.2 MKC的学习过程

输入： $\{\boldsymbol{K}^{(v)}\}_{v=1}^{V+1}$、$r$、$c$。

1：初始化 $\beta^{(v)}=1/(V+1)$；
2：　**while** 迭代未收敛 **do**
3：　　更新 $K_u=\sum_{v=1}^{V+1}\beta^{(v)^r}\boldsymbol{K}^{(v)}$；
4：　　用 K_u 的c个最大特征向量更新 $\boldsymbol{Q}$；

5:　　更新 $d^{(v)}=\mathrm{Tr}(\boldsymbol{K}^{(v)}(\boldsymbol{I}-\boldsymbol{Q}\boldsymbol{Q}^{\mathrm{T}})),v\in\{1,\cdots,V+1\}$;

6:　　更新 $\beta^{(v)}=1\Big/\sum_{v'=1}^{V+1}\left(\frac{d^{(v)}}{d^{(v')}}\right)^{\frac{1}{r-1}},v\in\{1,\cdots,V+1\}$;

7:　**end**

8:对 $\boldsymbol{Q}$ 执行 K-means,得到聚类结果 $\{q_i\}_{i=1}^{n}$;

输出: 聚类结果 $\{q_i\}_{i=1}^{n}$。

3.3 实验分析

3.3.1 数据集

本方法采用了 4 个常用的多模态学习数据集来证明所提出方法的有效性。

① BBC:其由 BBC 新闻网站上的 685 个文档组成,对应于 5 个主题领域的故事。每个样本由 4 个模态的特征来进行描述[87]。

② Caltech20:其是 Caltech101 数据集的一个子集,该数据集由 20 个类的 2 386 幅图像组成。为了获得多个模态,本方法提取了 6 种视觉特征。

③ Wikipedia:其包含 2 866 个多媒体文档,这些文档来自维基百科[88]。每个文档包含两个模态,即图像模态和文本模态。

④ MNIST:其由 10 000 个 10 位数的样本组成。采用像素特征和边缘特征两种模态[89]。为了构造不完整的多模态数据,对于具有两个以上模态的数据,从每个模态中随机删除一些样本,使其缺失率为 p,同时保证每个样本至少有一个模态。Wikipedia 和 MNIST 数据集只有两个模态,随机选择 $1-p$ 的样本并保持其模态完整,其余样本被视为单模态样本。一半的单模态样本只有第一个模态,其余的样本只有第二个模态。

3.3.2 对比方法和评价准则

对比方法包括如下 8 种具有代表性的不完整多模态聚类方法。

① BestSV:通过对每个模态数据单独执行 K-means 算法获得的最佳聚类结

果。

② MIC[73]:该方法学习所有模态的潜在特征矩阵,并生成共识矩阵,使每个模态之间的差异最小化。

③ OMVC[90]:通过将所有观点推向共识来学习潜在的特征矩阵。

④ IMG [73]:对每个模态的基矩阵施加正交约束来处理样本外问题。

⑤ DAIMC[91]:基于加权半非负矩阵分解来获得聚类结果。

⑥ UEAF[75]:引入了一个局部保留的重建项来推断缺失的模态,以便所有模态都可以对齐。

⑦ OPIMC[77]:采用正则化加权矩阵分解获得聚类结果。

⑧ PIC[78]:从不完整多模态数据中学习一致拉普拉斯矩阵进行聚类。

本方法采用两种广泛使用的评价准则,即聚类准确度(ACC)和归一化互信息(NMI)来验证聚类性能。

3.3.3 实验设置

自编码器 $f^{(v)}$ 和 $g^{(v)}$ 由 4 层堆叠而成,网络的尺寸分别为[$0.8m_v$,$0.8m_v$,1 200,50]和[50,$0.8m_v$,$0.8m_v$,m_v]。本方法在 GCN 中采用两层卷积,维数为[$0.8m_v$,50]。$\mathcal{L}_C$ 中的 FC 层设计为 4 层[l,d_1,d_2,d_3],l 为输入层维数,d_1 和 d_2 为隐藏层维数,d_3 为输出层维数。设 $d_1=n$,$d_2=0.8n$,$d_3=c$,其他参数设置为 $\eta_1=0.1$,$\eta_2=0.01$,$\lambda=0.5$,$\theta=0.1$,$r=2$。采用整流线性单元(ReLU)作为网络的激活函数。本实验将所有方法重复运行 10 次并报告平均的聚类性能。

3.3.4 实验结果

本实验中所有方法都是在 4 个缺失率为 $p\in\{10\%,30\%,50\%,70\%\}$ 的基准数据集上进行的,结果见表 3.1。实验结果表明,所提出的 CASEN 在每个数据集上都能获得比基线方法更好的性能。

具体而言,当缺失率 $p=30\%$ 时,与第二优方法相比,CASEN 在 BBC、Caltech20、Wikipedia 和 MNIST 数据集上的 ACC 分别提高了 2.37%、6.39%、2.77%、8.08%,这证明了 CASEN 的有效性。

表 3.1 4 个数据集上的聚类性能(平均值±标准差)

数据集	方法	ACC				NMI			
		0.1	0.3	0.5	0.7	0.1	0.3	0.5	0.7
BBC	BestSV	38.52±1.53	36.12±1.45	31.56±1.34	25.52±1.82	24.99±2.33	23.41±2.64	18.81±1.60	17.74±3.47
	MIC	57.75±2.30	54.25±0.53	44.00±3.36	35.75±1.41	61.00±0.53	53.50±0.89	48.75±0.91	37.75±0.58
	OMVC	46.78±3.72	38.05±4.29	29.86±4.03	18.18±0.87	50.02±2.62	42.65±2.26	33.35±3.51	21.31±3.78
	IMG	47.04±2.16	44.70±1.73	41.57±1.98	39.95±2.24	68.23±1.05	66.12±1.28	62.25±1.54	58.77±1.70
	DAIMC	56.85±3.47	48.43±2.81	36.73±2.88	24.80±1.58	38.74±2.41	31.77±2.83	27.76±2.55	18.50±3.17
	UEAF	55.17±3.41	49.67±1.18	35.17±2.13	22.62±1.52	73.75±1.41	65.67±0.70	48.89±6.81	33.16±3.17
	OPIMC	59.60±2.13	47.76±2.42	36.63±2.56	23.09±2.17	54.95±1.74	45.55±2.04	37.08±1.26	30.45±1.02
	PIC	62.23±2.45	57.13±2.57	49.16±1.63	43.39±2.59	74.31±0.88	68.94±1.09	59.04±0.74	49.12±0.69
	CASEN	**63.54±1.89**	**59.50±1.47**	**50.25±1.51**	**46.32±1.57**	**75.48±0.87**	**72.39±1.12**	**68.18±1.37**	**63.25±2.04**
Caltech20	BestSV	43.66±2.46	38.34±1.65	33.54±2.07	30.38±0.95	51.44±1.46	39.16±0.61	34.99±0.61	28.91±0.43
	MIC	32.10±1.86	26.93±2.36	24.90±2.50	20.33±3.01	38.50±3.41	33.99±2.92	29.44±3.17	24.68±3.68
	OMVC	41.32±0.81	31.39±0.93	31.85±1.51	22.49±2.33	41.78±0.98	27.02±0.99	28.43±2.25	14.90±2.16
	IMG	46.40±1.74	43.60±2.43	42.63±2.59	38.06±3.16	58.96±1.84	54.55±1.62	53.04±2.27	47.69±2.46
	DAIMC	43.26±3.61	42.82±2.27	40.26±2.96	34.57±3.05	59.05±1.83	58.28±1.22	53.23±0.86	38.52±1.38
	UEAF	33.78±1.54	32.36±0.98	30.84±1.86	19.28±2.40	34.94±1.33	32.11±1.10	30.24±1.59	19.23±2.76
	OPIMC	55.57±3.62	50.23±2.30	42.21±2.34	23.24±3.19	47.46±5.48	50.15±4.12	48.20±3.08	30.16±6.35
	PIC	54.27±2.62	53.90±2.55	53.11±2.37	48.77±2.35	60.21±3.59	61.87±1.14	60.03±2.11	56.92±2.52
	CASEN	**64.66±1.20**	**60.29±1.63**	**57.88±1.16**	**50.25±2.24**	**65.45±1.05**	**63.31±1.32**	**61.06±1.84**	**58.24±2.21**

续表

数据集	方法	ACC				NMI			
		0.1	0.3	0.5	0.7	0.1	0.3	0.5	0.7
Wikipedia	BestSV	45.02±0.23	41.34±0.64	33.99±0.54	24.38±1.06	49.21±0.66	40.26±0.76	31.91±0.16	24.45±3.14
	MIC	48.67±1.33	46.43±1.04	45.93±1.50	42.45±2.77	37.80±0.25	36.18±1.39	35.40±1.25	30.90±1.41
	OMVC	44.54±2.03	38.92±1.56	32.84±2.15	26.39±1.94	45.21±1.42	39.29±1.78	33.31±1.67	27.21±1.55
	IMG	51.52±1.43	47.77±1.48	45.87±1.62	42.47±2.42	51.06±1.21	46.29±2.13	42.35±1.87	40.00±1.39
	DAIMC	56.04±0.99	45.26±1.56	33.24±1.28	20.69±1.70	45.95±0.77	29.45±1.02	18.41±1.57	11.32±1.46
	UEAF	54.67±1.64	45.23±1.70	35.11±1.32	26.38±1.26	50.92±1.09	39.74±1.62	28.32±1.68	19.62±1.03
	OPIMC	46.10±0.95	30.11±1.83	17.87±0.95	10.15±1.14	55.60±1.17	43.18±3.26	34.96±1.33	27.54±1.79
	PIC	45.72±0.12	41.29±0.63	30.93±0.12	27.11±0.37	34.60±0.18	29.11±0.27	15.14±0.12	11.67±0.30
	CASEN	**58.33±0.87**	**50.54±1.10**	**46.68±1.74**	**42.59±1.88**	**57.76±0.93**	**49.13±1.14**	**44.65±1.45**	**41.87±1.95**
MNIST	BestSV	44.73±0.34	40.18±0.29	29.06±0.85	22.83±2.31	38.75±0.29	37.90±0.26	27.34±1.01	23.41±2.73
	MIC	61.75±2.65	54.28±1.99	48.19±0.35	41.38±1.06	62.03±0.49	55.72±0.25	50.34±0.16	37.75±0.58
	OMVC	60.50±2.49	55.79±1.97	49.88±1.66	37.52±2.16	58.29±2.52	53.16±1.80	46.87±1.75	35.68±1.91
	IMG	55.70±1.31	50.37±1.69	43.62±2.02	36.84±2.43	67.50±1.02	60.69±0.85	53.56±1.72	40.28±1.88
	DAIMC	63.48±1.30	51.53±1.49	32.79±0.93	20.49±1.04	65.97±0.59	49.29±0.85	37.12±0.96	25.86±1.11
	UEAF	73.77±2.17	54.34±1.75	47.62±2.53	34.05±1.76	68.14±1.84	47.09±2.57	36.12±3.90	29.29±1.87
	OPIMC	61.60±4.42	44.77±3.17	26.15±2.17	18.09±2.17	65.92±4.74	51.88±4.91	32.59±3.86	23.45±1.02
	PIC	65.47±0.79	60.26±1.17	50.44±0.77	41.52±2.03	70.85±0.33	66.18±0.48	53.11±0.38	40.57±0.56
	CASEN	**77.13±1.29**	**68.34±1.32**	**56.63±1.58**	**44.31±1.69**	**76.36±0.87**	**67.86±1.47**	**55.02±1.86**	**41.59±1.35**

从实验结果中可以总结出以下 4 个方面的内容。

① 多模态聚类方法通常会比 BestSV 获得更好的性能，这表明不同的模态可以相互补充，利用多模态互补信息有利于提高聚类性能。

② OMVC、MIC 和 DAIMC 是基于矩阵分解模型的方法。然而，由于忽略了局部结构信息，并且学习到的潜在表示不能很好地捕获数据相关性，因此限制了这些方法的聚类性能。

③ UEAF 和 PIC 利用局部结构信息进行多模态聚类，忽略了全局结构信息的使用，因此无法获得有效的聚类结果。

④ 所提出的 CASEN 能够同时利用局部结构信息和全局结构信息捕获综合数据相关性，所以优于其他方法。而多模态聚类和网络训练的联合，使得两项任务相互促进，从而可以获得更优的聚类性能。

3.3.5　参数敏感性分析

本节进一步研究 CASEN 的各个模块在 Caltech20 和 Wikipedia 数据集上的有效性，下面引入 3 种基线方法。

① CASEN-AE：从 CASEN 中去除自适应多模态图结构提取模块，CASEN 中只利用全局结构信息。

② CASEN-GCN：从 CASEN 中删除多模态自编码器模块，CASEN 中只使用本地结构信息。

③ CASEN-KM：不使用多核聚类，而是对 $\boldsymbol{R}$ 进行 K-means 聚类，得到聚类结果。

CASEN 在 Caltech20 和 Wikipedia 数据集上的成分分析实验结果如图 3.2 所示。从图 3.2 中可以看出，CASEN 通过联合利用数据的全局结构和局部结构，并通过 MKC 进行多模态聚类，其性能优于其他 3 种退化模型。该实验验证了 CASEN 中每个模块的有效性。

图 3.3 为缺失率 $p=30\%$，CASEN 在 Caltech20 和 Wikipedia 数据集上的敏感性分析实验结果，并对式(3-8)中的两个重要参数 η_1 和 η_2 进行了研究。在 $[10^{-4},10^{1}]$ 中搜索 η_1 和 η_2 并介绍集群性能是如何变化的。可以看出，在这两个参数下，本方法的性能是相对稳定的。在 $\eta_1\in[10^{-3},10^{-1}]$，$\eta_2\in[10^{-3},10^{0}]$ 的范

围内可以获得良好的性能。

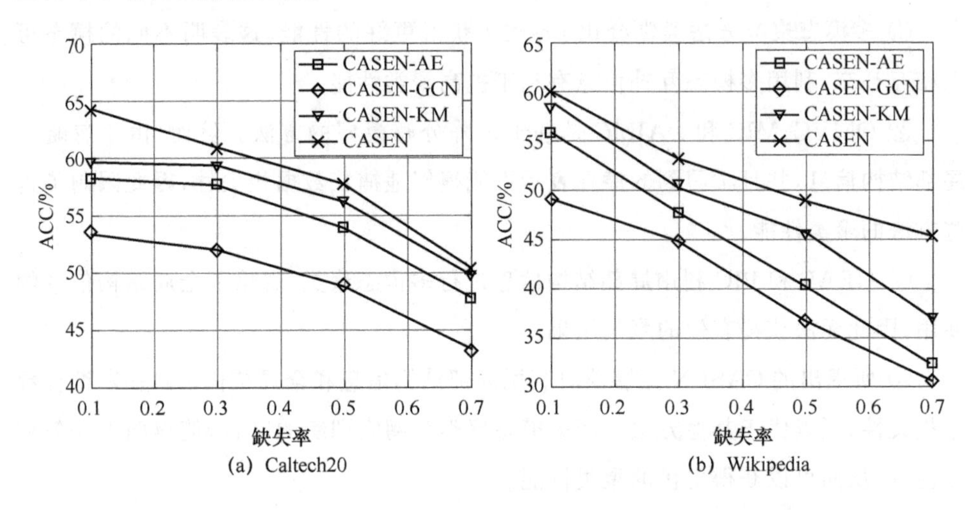

(a) Caltech20　　(b) Wikipedia

图 3.2　CASEN 在 Caltech20 和 Wikipedia 数据集上的成分分析实验结果

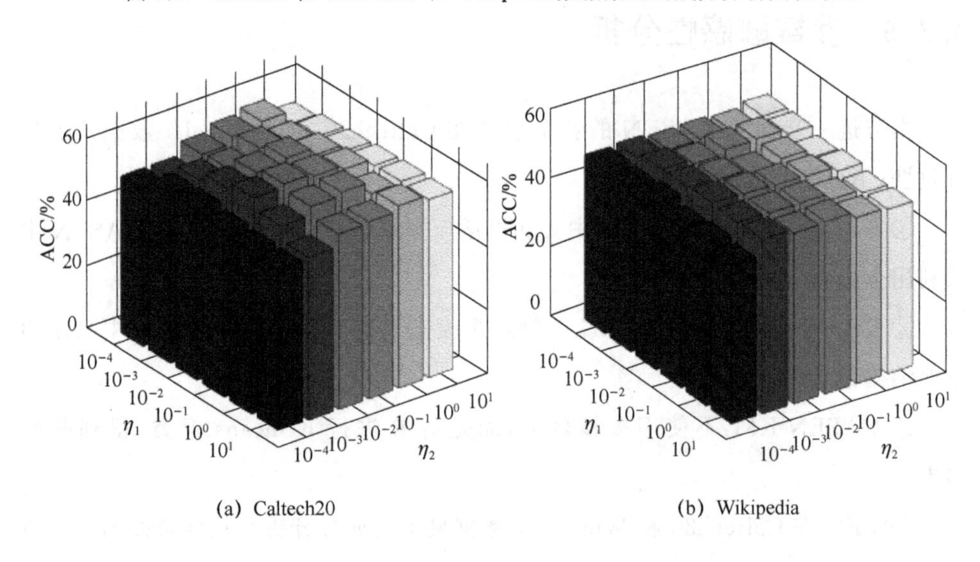

(a) Caltech20　　(b) Wikipedia

图 3.3　CASEN 在 Caltech20 和 Wikipedia 数据集上的敏感性分析实验结果

本章小结

本章提出了一种用于联合自适应结构增强和不完整多模态聚类的端到端可训练网络，即 CASEN。与现有的不完整多模态聚类方法只利用不完整的多模态结构信息不同,CASEN 通过补全缺失特征,整合多模态数据的全局结构和局部结构,进一步提高了聚类性能。另外,CASEN 通过引入多核聚类,获得可靠、准确的聚类结果,并利用聚类结果根据自监督的策略指导网络训练。最后本章在多个基准数据集上进行的大量实验验证了 CASEN 的有效性和合理性,以及证明了本方法相对于其他方法的优势。

第4章 基于鲁棒多样化图对比学习的多模态聚类方法

4.1 本章导读

数据通常可以从多个模态进行描述。例如：一张图片的内容可以通过不同的视觉特征或周围的文本来描述；一个网页可以通过文本、图片和超链接来描述。每个模态包含一些独特的数据描述，不同模态往往相互补充。多模态聚类旨在通过利用不同模态的互补性质，将相似的数据划分到同一组中，这已经成为多模态数据分析和机器学习中的一个重要研究方向。

传统的多模态聚类方法假设数据是完整的，即每个样本在所有模态中都有完整的特征。然而，在许多实际应用中，由于一些不可控因素，数据往往会丢失部分模态，导致多模态数据不完整。为了利用有限且不完整的多模态特征进行聚类，学者们已经提出了许多不完整多模态聚类方法。一些不完整多模态聚类方法采用矩阵或张量分解[92-94]来完成聚类所需的缺失特征。图学习也是一种重要的方法，其用于建模异构多模态特征并实现数据聚类[95-97]。此外，一些方法基于深度学习以学习不完整多模态数据的高层表示[98-99]。最近，由于对比学习在自监督表示学习中的强大能力，被应用于多模态聚类[28,100]，并取得了不错的聚类性能。

虽然已经提出了多种不完整多模态聚类方法，但仍有一些关键问题尚未得到很好地解决。首先,多模态数据包含丰富的结构相关性,如模态内相关性、模态间相关性和类别相关性。而现有的不完整多模态聚类方法未能充分利用这些多样化的相关性来增强数据表示,并减少由模态缺失问题造成的信息损失的影响。其次,多模态数据通常包含一些噪声,不同模态的可靠性也不同。而大多数现有方法忽略了噪声样本和不可靠模态的影响。最后,多模态表示学习和聚类是两个紧密相关的任务。合适的数据表示可以促进数据聚类,聚类结果是表示学习的有效指导。而现有的方法很少考虑这两个任务的相关性,因此这些方法的性能可能受到限制。

为了解决上述问题,本章提出了一个用于不完整多模态聚类的鲁棒多样化图对比(RDGC)学习方法。本方法是一个新颖的深度不完整多模态聚类框架,它联合进行多模态表示学习和鲁棒多样化图对比正则化,从而获得更具判别性的多模态表示和有效的聚类结果,其结构如图 4.1 所示。多模态表示学习是通过多模态统一和特定编码网络实现的,可以准确捕获不同模态的共享信息和独特信息。多样化图对比正则化包括图内的对比正则化、图间的对比正则化和聚类引导的图对比正则化,其可以利用多模态数据中固有的多样化相关性来减少由模态缺失问题引起的信息损失。本方法还引入鲁棒对比学习损失来处理噪声样本和不可靠模态。此外,多模态表示学习和数据聚类联合进行,使两个任务相互促进。另外,在 4 个数据集上的大量实验表明,RDGC 学习方法显著优于其他多模态聚类方法。本方法的主要贡献总结如下:

① 在多模态统一和特定编码网络中引入了自适应融合层,以获得不完整多模态数据的有效表示。本方法可以准确评估不同模态的重要性,以抵抗不可靠模态和不完整模态的影响。

② 提出了一种鲁棒的多样化图对比正则化方法,以捕获丰富的多模态相关性,并抵抗由噪声和不可靠模态产生的影响。本方法可以有效减少由模态缺失问题引起的信息损失,并产生更具判别性的多模态表示。

③ 提出了一种聚类引导的图对比正则化,通过联合进行多模态表示学习和数据聚类,使两个任务相互促进,从而获得更好的聚类性能。

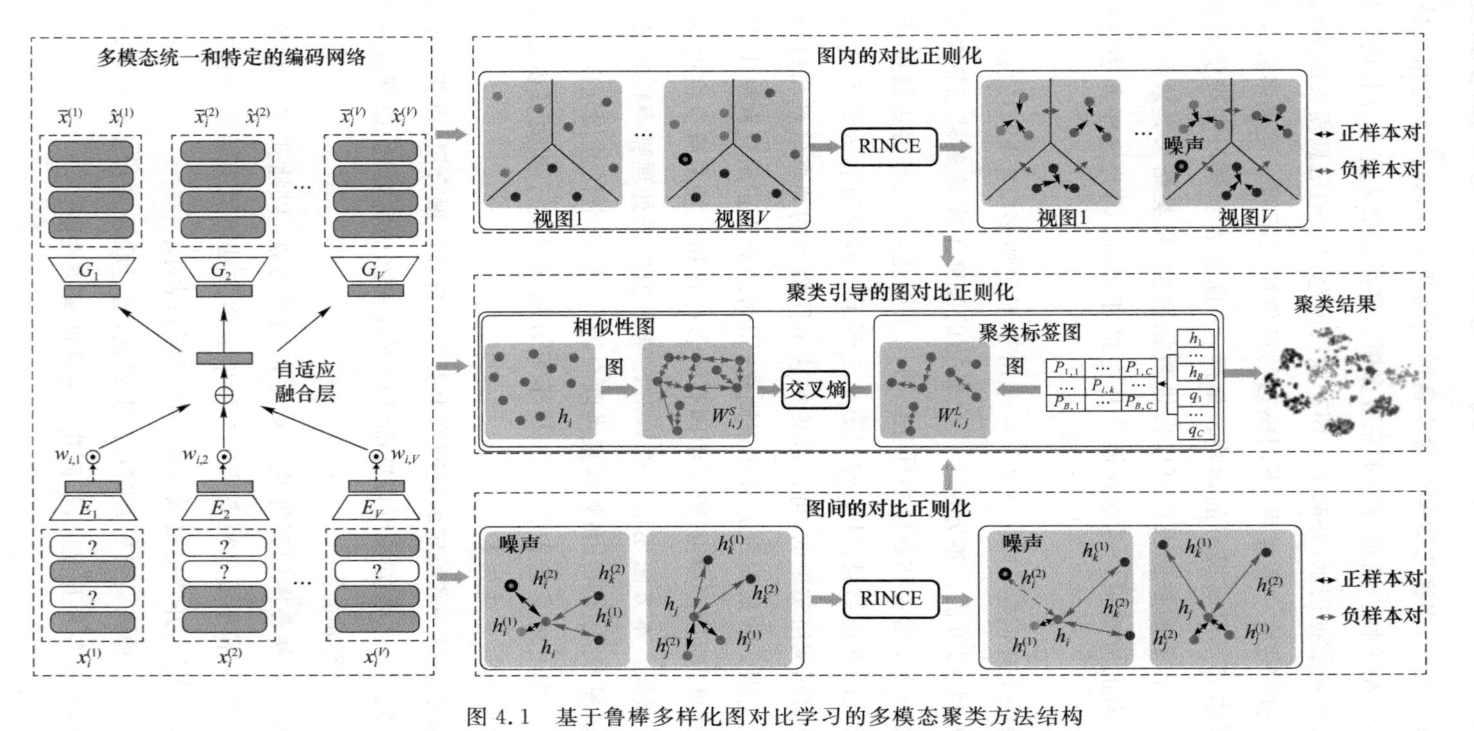

图 4.1　基于鲁棒多样化图对比学习的多模态聚类方法结构

4.2 相关工作

近年来,已有学者提出了多种不完整多模态聚类方法,用于从不完整的多模态数据中发现聚类。其中一些多模态聚类方法基于矩阵或张量分解。部分多模态聚类方法通过建立一个潜在空间,在这个空间中,相同样本的嵌入彼此接近。低秩矩阵或张量学习模型用于补全缺失的模态并探索模态的全部信息[92,101]。DAIMC[91]采用样本对齐信息来学习所有模态的共同潜在矩阵,然后借助 $L_{2,1}$-范数正则化回归建立一致性基础矩阵,以减少缺失样本的影响。CLIMC[101]结合自表示、索引矩阵和一致性项来学习一致性相似性图,进一步用于探索潜在的多模态数据关系。多图学习和多核学习是另一种常见的不完整多模态聚类方法。谱扰动用于最大化所有模态的融合结果[78]。文献[96]提出了一种联合划分和图学习方法,用于揭示数据结构并学习一致性图矩阵。文献[79]提出了一种集成内核插补和聚类为一体的多核 K 均值不完整内核方法。文献[102]提出了一种后期融合不完整多模态聚类方法,用于整合不完整模态生成的不完整聚类矩阵。EE-IMVC[103]用一致性聚类矩阵补全每个不完整基础矩阵,该矩阵由先验知识进一步规范化。IMVC[104]是一个基于二分图模型的不完整大规模多模态聚类框架。与基于矩阵分解的不完整多模态聚类方法相比,基于多图/核学习的不完整多模态聚类方法能够利用多模态数据的内在结构并获得更好的聚类性能。

上述方法主要基于浅层模型。由于深度学习在抽象表示提取和复杂数据聚类方面的强大能力,越来越多的不完整多模态聚类方法基于深度学习来设计。深度自编码器和图结构保持通常用于学习多模态聚类的有效数据表示[99,105]。一些方法[98]使用生成对抗网络来根据现有模态生成缺失模态。最近,对比学习[106-107]成为无监督学习和多模态聚类中的热门研究方向。一些多模态聚类方法[31,107-108]利用对比学习预测聚类分配。文献[100]提出了多模态对比图聚类,通过对比学习联合学习节点的平滑表示和一致性图。文献[28]提出了一种统一的框架,结合表示学习和数据恢复,用于不完整多模态聚类任务,该框架采用对比学习最大化不同模态间的互信息。值得注意的是,当对比学习受到数据中包含的噪声的影响时,只能获得次优解。因此,文献[109]提出了鲁棒的对比学习方法,以减轻噪声样本的影响,进一步提高对比学习的适用性,并实现更优的聚类结果。

4.3 方法设计

4.3.1 预备知识

给定具有 V 个模态和 N 个样本的多模态数据,它们可以由 $\boldsymbol{X}^{(v)}=[X_1^{(v)}, X_2^{(v)},\cdots, X_N^{(v)}], v=1,\cdots,V$ 表示,其中 $X_i^{(v)}\in\mathbb{R}^{m_v}$ 是第 v 个模态中第 i 个样本的特征。对于不完整的多模态数据,本方法采用指示矩阵 $\boldsymbol{I}\in\mathbb{R}^{N\times V}$ 来记录缺失的样本。$I_{i,j}=1$ 表示第 i 个样本在第 j 个模态中存在,而 $I_{i,j}=0$ 表示第 i 个样本在第 j 个模态中不存在。对于缺失的特征,例如 $I_{i,j}=0$,相应的特征向量 $x_i^{(j)}$ 被填充为 0。假设每个样本不会在所有模态中都缺失特征。让 $M_{i,:}$ 和 $M_{:,j}$ 分别表示矩阵 $\boldsymbol{M}$ 的第 i 行和第 j 列。不完整多模态聚类的目标是在不使用任何标签信息的情况下,将 N 个不完整的多模态数据样本划分为 C 类。

传统的对比学习方法可能会受到噪声的影响,例如不相关的样本对,这通常会导致出现次优解。为了解决这个问题,近期有研究者提出了鲁棒的 InfoNCE (RINCE)[4] 损失,它可以被视为对比学习的一种泛化形式。RINCE 的对称性质提供了一种有效的方式来调整样本的重要性,以减轻噪声的影响,特别是对于没有明显共享信息的假阳性对。理论分析表明,在噪声环境中,RINCE 是 Wassersein Dependency Measure (WDM)[17] 的下界,WDM 能够捕捉特征空间的内在结构,对噪声的鲁棒性比 KL 散度的更好。因此,RINCE 具有强大的理论基础和对抗噪声的保证。RINCE 的损失函数表达式为

$$\mathrm{RINCE}(s^{+},\{s^{-}\}_{t=1}^{\mathrm{T}})=\frac{-\mathrm{e}^{q\cdot s^{+}}}{q}+\frac{\left(\lambda\cdot\left(\mathrm{e}^{s^{+}}+\sum_{i=1}^{T}\mathrm{e}^{s_i^{-}}\right)\right)^{q}}{q} \tag{4-1}$$

其中,s^{+} 和 s^{-} 分别是正样本对和负样本对的得分。q 和 $\lambda\in(0,1]$,q 用于平衡对称

性质。当 $q \to 1$ 时,RINCE 成为完全满足对称性质的对比损失。在 $q \to 0$ 的极限情况下,RINCE 损失与 InfoNCE 损失[110]是等价的。λ 是一个加权参数,用于控制正样本对和负样本对之间的比例。

4.3.2 多模态统一和特定编码网络

由于模态的统计特性不同和模态缺失问题,学习不完整多模态数据的适当表示是一项具有挑战性的任务。值得注意的是,一些信息在多个模态之间是共享的,而有些则是每个模态特有的。鉴于此,本节提出了一种多模态统一和特定编码网络,用于学习统一和模态特定的数据表示,分别捕获模态的共享信息和独特信息。具体来说,网络由编码器和解码器组成。编码器提取模态特定的表示,并将它们融合成统一表示。另外,本节提出了一个自适应融合层,用于学习统一表示,该表示可以评估模态的重要性,以抵抗不可靠模态或缺失模态的影响。解码器旨在使用模态特定的表示和统一的表示重构多模态数据。通过最小化重构损失,多模态统一和特定编码网络能够准确捕获多模态数据的共享信息和独特信息。

对于编码器网络 $\{E_v\}_{v=1}^{V}$,每个 E_v 学习第 v 个模态的模态特定表示,表示为 $h_i^{(v)}=E_v(x_i^{(v)})$。为了使不同模态可比,每个模态的模态特定表示共享相同的维度。然后,我们引入一个自适应融合层来将模态特定的表示融合成统一的表示。自适应融合层可以在融合过程中区分不同模态的重要性,以抵抗不可靠模态的影响,其公式为

$$\bar{h}_i=h_i^{(1)}\,||\,h_i^{(2)}\,||\cdots||\,h_i^{(V)} \tag{4-2}$$

$$a_i=\sigma(f(\bar{h}_i)) \tag{4-3}$$

$$w_i=\boldsymbol{I}_{i,:}\cdot(\mathrm{Sum}(\boldsymbol{I}^B\mathbf{A},\mathrm{dim}=0)/\mathrm{Sum}(\boldsymbol{I}^B,\mathrm{dim}=0)) \tag{4-4}$$

$$w_i=w_i/\|w_i\|_1 \tag{4-5}$$

其中,$\|$ 是连接操作符,$a_i\in\mathbb{R}^V$ 是第 i 个样本的权重向量,$f(\cdot)$ 是一个全连接网络,$\sigma(\cdot)$ 是 sigmoid 函数,$\mathbf{A}=[a_1;a_2;\cdots;a_B]\in\mathbb{R}^{B\times V}$,$B$ 是批次大小,$\boldsymbol{I}^B\in\mathbb{R}^{B\times V}$ 是对应于当前批次中样本的指示矩阵,$w_i\in\mathbb{R}^V$ 是第 i 个样本的融合权重。通过使用自适应融合层,不同的模态被赋予不同的权重。重要的模态可以被赋予更高的权

重，不可靠的模态可以被赋予较低的权重，而缺失模态的权重为零。此外，融合权重是通过在一个批次内平均所有权重获得的，这可以获得更鲁棒的权重估计。因此，本节提出的自适应融合层可以灵活地处理不完整的多模态数据，并且可以准确捕获多模态互补信息。第 i 个样本的统一表示可由下式计算得出

$$h_i = \sum_{v=1}^{V} w_{i,v} h_i^{(v)} \tag{4-6}$$

解码器网络 $\{G_v\}_{v=1}^{V}$ 旨在重建原始数据。为了保证学习到的潜在表示能够很好地编码多模态信息，统一表示和模态特定表示都用于数据重建。由统一表示和模态特定表示重建的数据分别用 $\overline{x}_i^{(v)} = G_v(h_i)$ 和 $\hat{x}_i^{(v)} = G_v(h_i^{(v)})$ 表示。多模态统一和特定编码网络的损失函数如下：

$$\mathcal{L}_r = \frac{1}{B}\sum_{v=1}^{V}\sum_{i=1}^{B}\left(\| x_i^{(v)} - I_{i,v}^{B}\overline{x}_i^{(v)} \|_F^2 + \| x_i^{(v)} - I_{i,v}^{B}\hat{x}_i^{(v)} \|_F^2\right) \tag{4-7}$$

4.3.3 图内的对比正则化

多模态数据包含丰富的局部结构相关性，可以用来提高潜在表示的辨别能力。图内对比正则化的目标是为每个模态构建一个最近邻图来模拟该模态内的局部结构相关性。最近邻被设置为正样本对，非最近邻被设置为负样本对，用于对比学习。具体来说，如果它们是邻居，则保持 $h_i^{(v)}$ 接近 $h_j^{(v)}$；如果它们不是邻居，则保持 $h_i^{(v)}$ 远离 $h_j^{(v)}$。为了建模数据的邻域关系，本节为每个模态构建一个 K 近邻(KNN)图，邻接矩阵 $\mathbf{A}^{(v)} \in \mathbb{R}^{B\times B}$ 定义如下：

$$\mathbf{A}_{i,j}^{(v)} = \begin{cases} 1 & (h_i^{(v)} \in N^k(h_j^{(v)})) \quad 或 \quad (h_j^{(v)} \in N^k(h_i^{(v)})) \quad 且 \quad I_{i,v}^{B} = I_{j,v}^{B} = 1 \\ 0 & 其他 \end{cases} \tag{4-8}$$

其中，$N^k(h_j^{(v)})$ 表示 $h_j^{(v)}$ 的 k 最近邻，通过当前的 batch 中的最近邻搜索获得。

基于邻接矩阵 $\mathbf{A}^{(v)}$，本节构建了一组正样本对 $C_{tr}^{+}(i,v)$ 和负样本对 $C_{tr}^{-}(i,v)$ 用于对比学习，如下所示：

$$\{h_i^{(v)}, h_j^{(v)}\} \in \begin{cases} C_{tr}^{+}(i,v) & A_{i,j}^{(v)} = 1 \\ C_{tr}^{-}(i,v) & A_{i,j}^{(v)} = 0 \quad 且 \quad I_{i,v}^{B} = I_{j,v}^{B} = 1 \end{cases} \tag{4-9}$$

应该注意的是，虽然本方法采用邻域关系来构建正样本对，但由于噪声问题，

一些假阳性样本(被标记为正但属于不同类别的样本对)仍可能出现。为了减少假阳性对所学习的潜在表示的影响,RINCE[110]被用于图内的对比正则化。对于每个 $h_i^{(v)}, i\in(1,\cdots,B), v\in\{1,\cdots,V\}$,从 $C_{tr}^{+}(i,v)$ 中抽取一个正样本对 $s_{tr}^{+}(i,v)$ 和从 $C_{tr}^{-}(i,v)$ 中抽取 T 个负样本对 $\{s_{tr}^{-}(i,v)_t\}_{t=1}^{T}$,图内对比正则化的损失函数定义如下:

$$\mathcal{L}_{\text{intra}}=\frac{1}{B}\sum_{v=1}^{V}\sum_{i=1}^{B}\text{RINCE}(s_{tr}^{+}(i,v),\quad\{s_{tr}^{-}(i,v)_t\}_{t=1}^{T})\tag{4-10}$$

通过优化图内的对比正则化,每个模态的局部结构可以在模态特定表示 $h_i^{(v)}$ 中得到很好的保留,$h_i^{(v)}$ 的判别能力可以有效提高。

4.3.4 图间的对比正则化

除了利用每个模态内的局部结构相关性外,还应该利用不同模态之间的相关性。通过对齐同一样本的模态特定表示和统一表示,不同的模态可以相互补充,从而获得更有效的表示。因此,本节提出了图间的对比正则化,以对齐不同模态的图并利用不同模态的互补性。

具体来说,对于第 i 个样本,模态特定表示 $h_i^{(v)}$ 应该与相应的统一表示 h_i 相似,因此正样本对由 $C_{te}^{+}(i,v)=\{\{h_i,h_i^{(v)}\},v=1,\cdots,V,I_{i,v}^{B}=1\}$构成。另外,一个样本的模态特定表示和统一表示应该与其他样本不同。因此,负样本对由 $C_{te}^{-}(i,v)=\{\{h_i,h_j\},\{h_i^{(v)},h_j^{(t)}\},j\neq i,t=1,\cdots,V,I_{i,v}^{B}=I_{j,v}^{B}=1\}$构成。考虑不同模态的可靠性不同,一些模态特定表示可能不准确,直接对齐正样本对会使统一表示受到不准确模态的影响。为了应对不可靠模态导致的假正样本,本节采用 RINCE 进行图间的对比正则化。具体来说,对于每个统一表示 h_i,从 $C_{te}^{+}(i,v)$ 中抽取一个正样本对 $s_{te}^{+}(i,v)$ 和从 $C_{te}^{-}(i,v)$ 中抽取 T 个负样本对 $\{s_{te}^{-}(i,v)\}_{t=1}^{T}$,图间对比正则化的损失函数定义如下:

$$\mathcal{L}_{\text{inter}}=\frac{1}{B}\sum_{v=1}^{V}\sum_{i=1}^{B}\text{RINCE}(s_{te}^{+}(i,v),\{s_{te}^{-}(i,v)_t\}_{t=1}^{T})\tag{4-11}$$

4.3.5 聚类引导的图对比正则化

为了使学习到的统一表示适合多模态聚类任务,本节提出了聚类引导的图对比正则化，联合进行统一表示学习和数据聚类。本方法能够利用这两个任务的相关性，使它们相互作用，以进一步提高多模态聚类性能。

采用聚类方法来评估每个样本的聚类概率。由于其有效性和效率，本节采用了 K-means 聚类。统一表示$\{h_i\}_{i=1}^{B}$被聚集成 C 个簇，聚类中心由 $\boldsymbol{Q}=[q_1,q_2,\cdots,q_C]\in\mathbb{R}^{k\times C}$表示。然后，通过公式(4-12)计算聚类概率矩阵 $\boldsymbol{P}\in\mathbb{R}^{B\times C}$。

$$\boldsymbol{P}_{i,k}=\frac{\exp(h_i^T q_k/\tau_p)}{\sum_{l=1}^{C}\exp(h_i^T q_l/\tau_p)} \tag{4-12}$$

其中，τ_p 是标量参数。然后，构建一个聚类标签图来引导统一表示的学习过程。使用聚类概率矩阵 $\boldsymbol{P}$ 构建的聚类标签图 $\boldsymbol{W}^L$ 如下：

$$\boldsymbol{W}_{ij}^{L}=\begin{cases}P_{i,:}\cdot P_{:,j} & P_{i,:}\cdot P_{:,j}>\delta\\ 0 & \text{其他}\end{cases} \tag{4-13}$$

其中，$\boldsymbol{W}^L$ 中小于δ 的元素被设置为 0，以增强具有更相似聚类分布样本之间的相关性。此外，为了从统一表示中获得样本的相似性，本方法构建相似性图 $\boldsymbol{W}^S$ 来模拟样本之间的关系，其定义为 $W_{ij}^{S}=\exp(h_i^T\cdot h_j/\tau_S)$。

最后，为了使多模态聚类任务和统一表示学习任务相互促进，以及相似性图 $\boldsymbol{W}^S$ 和聚类标签图 $\boldsymbol{W}^L$ 具有相似的结构，本方法对 $\boldsymbol{W}^S$ 和 $\boldsymbol{W}^L$ 进行了标准化，即使两个矩阵的每行之和为 1，标准化后的矩阵分别表示为 $\hat{\boldsymbol{W}}^S$ 和 $\hat{\boldsymbol{W}}^L$。损失函数通过最小化两个图之间的交叉熵来定义。

$$\mathcal{L}_{\text{ctr}}=\frac{1}{B}\sum_{i=1}^{B}H(\hat{W}_{i,:}^{L},\hat{W}_{i,:}^{S}) \tag{4-14}$$

其中，$H(\cdot)$表示两个分布的交叉熵。通过最小化损失函数，可以有效地利用数据聚类和表示学习的相关性。一方面，聚类标签图可以作为指导信息来训练统一的表示学习，损失函数鼓励具有相似聚类标签的样本具有相似的统一表示。另一方面，所学习的统一表示可以产生更有效的聚类结果。因此，这两个任务可以相互促进，从而获得更好的聚类性能。

4.3.6 目标函数与求解

RDGC 学习方法的整体损失函数如下所示：

$$\mathcal{L}_{\text{overall}}=\mathcal{L}_r+\varphi\,\mathcal{L}_{\text{intra}}+\lambda\,\mathcal{L}_{\text{inter}}+\eta\,\mathcal{L}_{\text{ctr}} \tag{4-15}$$

本方法使用的端到端的模型架构能够实现对模型参数的有效训练，并很好地集成不同模块的特性和功能。通过这种集成，模型能够更加灵活地适应各种数据类型，提高学习效率和预测精度。本方法使用 Adam 优化器进行参数求解，该优化器结合了梯度下降和自适应学习率调整机制，从而在保证收敛速度的同时，优化模型在各种数据集上的表现。

4.4 实验分析

4.4.1 数据集

本章在 4 个常用的公开多模态聚类数据集上来评估模型的性能。

① MNIST：其是一个流行的数字图像数据库，由 10 个数字的 10 000 个样本组成。在本次实验中，提取每个图像的像素特征和边缘特征作为两个不同的模态[111]。

② Wikipedia：其由从维基百科收集的几个多媒体文档组成[88]，总共包含2 866 个多模态样本。每个样本有两个模态，即图像模态和文本模态。

③ VOC：其包括 9 963 个分为 20 类的图像-文本对，本实验选择了 5 649 个只有一个对象的样本作为数据集。每幅图像由 512 维的 Gist 特征表示，每个文本由 399 维的词频统计表示[112]。

④ Handwritten：其由 10 个类别的 2 000 个样本组成。在本次实验中，采用了 3 个模态作为多模态数据集，具体包括像素特征、轮廓特征和傅里叶系数特征[113]。

4.4.2 对比方法

本次实验选择了 10 种代表性的不完整多模态聚类(IMC)方法作为基准。

① BestSV：在每个单一模态上执行 K-means 聚类，并报告最佳聚类结果。

② IMG[73]：它将原始不完整数据转换为潜在空间中新的、完整的表示，用于聚类。

③ DAIMC[91]：基于加权半非负矩阵分解，学习一个所有模态共有的特征矩阵，以获得聚类结果。

④ UEAF[75]：它是一个用于 IMC 的统一嵌入对齐框架，其中使用了一个保留局部性的重建项来生成缺失的模态。

⑤ OPIMC[114]：提出了正则化和加权的矩阵分解模型，以产生统一的聚类结果。

⑥ PIC[78]：基于谱扰动理论，利用矩阵补全模型来完成不完整的相似性矩阵。

⑦ GIMC[115]：基于图正则化矩阵分解模型，保留了学习表示的局部几何相似性。

⑧ CDIMC-net：这是一种深度 IMC 方法，将深度编码器、图嵌入和自我节奏聚类整合到一个统一框架中。

⑨ CASEN[99]：这是一个深度 IMC 网络，通过多模态自编码器完成缺失特征的补全，同时利用全局结构和局部结构进行不完整多模态聚类。

⑩ COMPLETER[28]：它将表示学习和数据恢复结合到一个基于信息论的深度网络中。由于这种方法只能处理两个模态，因此我们为具有两个以上模态的数据集（如 Handwritten）选择了最佳的两个模态组合。

4.4.3 评价准则

本章主要使用准确度（ACC）和归一化互信息（NMI）这两个指标来评估聚类的性能，它们的定义如下：

$$\mathrm{ACC} = \frac{\sum_{i=1}^{N} 1\{\hat{c}_i = \mathrm{map}(c_i)\}}{N} \tag{4-16}$$

$$\mathrm{NMI}(U,V) = \frac{2I(U;V)}{H(U)+H(V)} \tag{4-17}$$

4.4.4　实验设置

为了构建不完整多模态数据集,不同的数据集有不同的设置。对于具有两个以上模态的数据集(Handwritten),从每个模态中随机移除 p 的样本,同时保证每个样本至少在一个模态中存在。对于只有两个模态的数据集(MNIST、Wikipedia 和 VOC),随机选择 p 的样本使其只有一个模态,而其余样本是完整的。本实验中采用两种常用的聚类评估指标,即聚类准确度(ACC)和归一化互信息(NMI),来验证所有方法的性能。

编码器网络和解码器网络有三层,其维度分别设为$[m_v,0.8m_v,1\ 500,k]$和$[k,15\ 00,0.8m_v,m_v]$。全连接层 $f(\cdot)$包含三层,维度为$[Vk,k,k,C]$。我们设置$\psi=0.1,\gamma=0.05,\eta=0.01,k=50$。采用 ReLU 作为网络的激活函数。网络训练的参数设置为 $B=512,e=200$ 和 $l=30$。所有方法重复运行 10 次并报告平均的聚类性能。

4.4.5　实验结果

本实验中所有方法在 4 个基准数据集上进行,这些数据集具有不同的缺失率(Missing Rate)$p\in\{10\%,30\%,50\%,70\%\}$。聚类结果汇总在表 4.1 中。实验结果显示,RDGC 学习方法通常比其他基准方法表现更好,这证明了我们所提方法的有效性。具体来说,对于每个缺失率 $p\in\{10\%,30\%,50\%,70\%\}$,与第二好的方法相比,RDGC 学习方法在 VOC 数据集上的聚类 ACC 分别提高了 5.23%、3.83%、3.44%、1.67%。所提出的方法在不同的缺失率下通常可以获得更好的聚类结果,这表明 RDGC 能够减少信息损失和噪声的影响,并实现更具鉴别力的多模态表示和更好的聚类性能。

表 4.1　4 个数据集上的聚类性能(平均值±标准差)

数据集	方法	ACC				NMI			
		10%	30%	50%	70%	10%	30%	50%	70%
MNIST	BSV	44.73±0.34	40.18±0.29	29.06±0.85	22.83±2.31	38.75±0.29	37.90±0.26	27.34±1.01	23.41±2.73
	IMG	55.70±1.31	50.37±1.69	43.62±2.02	36.84±2.43	67.50±1.02	60.69±0.85	53.56±1.72	40.28±1.88
	DAIMC	63.48±1.30	51.53±1.49	32.79±0.93	20.49±1.04	65.97±0.59	49.29±0.85	37.12±0.96	25.86±1.11
	UEAF	73.77±2.17	54.34±1.75	47.62±2.53	34.05±1.76	68.14±1.84	47.09±2.57	36.12±3.90	29.29±1.87
	OPIMC	61.60±4.42	44.77±3.17	26.15±2.17	18.09±2.17	65.92±4.74	51.88±4.91	32.59±3.86	23.45±1.02
	PIC	65.47±0.79	60.26±1.17	50.44±0.77	41.52±2.03	70.85±0.33	66.18±0.48	53.11±0.38	40.57±0.56
	GIMC	76.37±1.35	64.29±0.39	51.68±0.79	44.68±1.07	70.71±0.89	54.29±0.44	38.29±0.91	36.88±0.70
	CDIMC-net	70.21±0.63	65.53±0.71	57.68±1.04	51.65±0.56	68.92±0.48	63.37±0.61	52.73±0.97	48.25±0.77
	CASEN	77.13±1.29	68.34±1.32	56.63±1.58	44.31±1.69	76.36±0.87	67.86±1.47	55.02±1.86	41.59±1.35
	COMPLETER	82.56±1.43	74.45±1.31	64.27±1.43	52.35±0.92	83.53±0.73	73.60±0.61	63.53±0.42	52.24±0.53
	RDGC	**86.35±0.89**	**78.22±0.96**	**68.95±1.28**	**56.73±1.59**	**85.62±1.36**	**76.07±1.05**	**66.10±1.57**	**53.68±1.06**
Wikipedia	BSV	45.02±0.23	41.34±0.64	33.99±0.54	24.38±1.06	49.21±0.66	40.26±0.76	31.91±0.16	24.45±3.14
	IMG	51.52±1.43	47.77±1.48	45.87±1.62	42.47±2.42	51.06±1.21	46.29±2.13	42.35±1.87	40.00±1.39
	DAIMC	56.04±0.99	45.26±1.56	33.24±1.28	20.69±1.70	45.95±0.77	29.45±1.02	18.41±1.57	11.32±1.46
	UEAF	54.67±1.64	45.23±1.70	35.11±1.32	26.38±1.26	50.92±1.09	39.74±1.62	28.32±1.68	19.62±1.03
	OPIMC	46.10±0.95	30.11±1.83	17.87±0.95	10.15±1.14	55.60±1.17	43.18±3.26	34.96±1.33	27.54±1.79
	PIC	45.72±0.12	41.29±0.63	30.93±0.12	27.11±0.37	34.60±0.18	29.11±0.27	15.14±0.12	11.67±0.30
	GIMC	52.81±1.21	51.90±1.45	44.92±1.06	41.40±1.40	50.65±1.06	43.78±1.24	35.32±1.06	31.01±2.11
	CDIMC-net	53.01±0.98	43.32±0.68	40.05±0.60	38.85±0.90	46.28±0.82	41.17±0.85	38.11±0.75	37.86±1.39
	CASEN	58.33±0.87	50.54±1.10	46.68±1.74	42.59±1.88	57.76±0.93	49.13±1.14	44.65±1.45	41.87±1.95
	COMPLETER	46.42±0.78	44.27±1.24	41.37±0.85	40.91±1.56	44.78±0.91	39.14±1.09	37.01±0.76	35.72±1.33
	RDGC	**60.03±1.58**	**52.51±1.09**	**48.61±0.92**	**43.28±1.64**	**58.10±1.29**	**51.98±1.40**	**46.18±1.21**	**42.21±1.13**

续表

数据集	方法	ACC				NMI			
		10%	30%	50%	70%	10%	30%	50%	70%
VOC	BSV	36.68±1.52	34.43±2.18	29.93±1.44	24.95±1.08	35.76±1.38	33.19±1.76	28.82±1.94	24.42±1.61
	IMG	39.69±1.54	37.54±1.25	30.53±1.10	28.08±2.13	38.43±0.73	36.05±1.65	30.16±1.86	25.11±1.67
	DAIMC	42.06±0.93	39.84±1.45	33.27±1.06	30.15±0.71	39.56±0.80	35.71±1.34	32.12±0.70	29.32±0.91
	UEAF	40.52±0.79	36.19±0.92	32.21±0.63	29.85±0.47	37.22±0.89	34.31±0.60	30.81±0.46	28.01±0.53
	OPIMC	41.81±0.91	37.56±1.16	31.43±1.59	28.09±1.64	36.14±1.20	33.26±1.18	29.47±1.34	26.64±1.30
	PIC	40.07±1.22	36.98±1.68	33.56±2.14	31.41±1.88	38.83±2.14	35.54±2.03	32.15±2.64	30.20±2.75
	GIMC	48.05±1.30	45.40±0.36	34.11±0.63	34.95±0.71	45.54±0.52	38.28±0.41	30.02±0.67	29.81±0.24
	CDIMC-net	57.79±0.81	49.62±0.93	35.85±0.70	33.47±0.92	57.07±0.59	47.72±0.58	37.69±0.53	34.32±0.75
	CASEN	63.68±1.37	50.23±1.49	36.51±1.83	34.72±1.90	62.81±1.19	48.58±1.06	40.47±1.81	38.25±1.06
	COMPLETER	62.82±1.83	48.41±2.55	37.14±1.87	32.07±1.84	61.72±2.35	43.74±3.11	36.93±2.36	31.28±1.15
	RDGC	**68.91±1.76**	**54.06±2.09**	**40.58±1.32**	**36.62±1.19**	**67.54±1.26**	**53.51±1.45**	**42.33±1.34**	**40.02±1.86**
Handwritten	BSV	72.15±1.65	66.64±1.09	57.92±2.12	48.45±1.47	59.67±1.51	57.43±1.85	54.12±0.92	47.33±1.13
	IMG	78.47±2.86	74.47±1.38	73.44±1.38	71.20±3.11	69.37±2.57	66,12±2.93	60.82±2.45	55.19±3.28
	DAIMC	86.20±3.29	83.96±1.19	79.39±1.75	66.06±4.81	78.02±1.86	73.08±1.50	68.99±1.88	53.74±3.71
	UEAF	76.37±2.61	72.94±3.14	70.42±2.95	54.32±1.86	70.97±1.78	67.94±2.33	61.56±2.10	49.88±1.58
	OPIMC	73.12±2.17	70.54±2.64	63.49±2.89	49.05±1.63	66.74±1.45	60.51±2.95	55.21±1.47	42.63±1.30
	PIC	84.85±3.52	83.30±2.43	81.56±1.34	77.48±4.12	80.26±2.96	78.36±3.29	75.69±2.64	68.04±2.75
	GIMC	90.73±1.72	89.30±1.71	84.28±1.28	78.90±1.40	83.18±2.85	79.63±2.11	77.98±2.18	70.02±1.51
	CDIMC-net	90.85±4.20	87.83±2.19	83.42±3.26	77.90±0.56	82.41±0.78	80.41±0.87	77.63±0.76	73.16±0.51
	CASEN	88.95±1.13	86.15±0.82	80.65±1.27	75.91±1.42	80.97±1.39	77.11±0.94	73.31±1.62	67.98±1.90
	COMPLETER	78.93±3.69	73.42±3.06	66.02±2.42	51.53±1.57	78.18±2.85	71.62±3.11	59.98±2.18	50.02±1.05
	RDGC	**92.03±0.83**	**89.75±0.92**	**85.69±0.51**	**82.75±0.71**	**84.65±0.52**	**80.54±0.73**	**78.86±0.90**	**75.37±0.49**

通过观察表 4.1 中的聚类结果，可发现一些有意义的实验结果。

① 多模态聚类方法通常比单模态聚类方法(BSV)表现更好。与最好的多模态方法相比，聚类 ACC 可以提高 20%～30%，这表明不同模态是相互补充的。因此提出多模态聚类方法以利用不同模态的信息是必要的。

② 包括 IMG、DAIMC、UEAF、OPIMC、PIC 和 GIMC 等浅层不完整多模态聚类方法主要基于矩阵分解或图学习。这些方法的表现不如基于深度学习的方法。这是因为浅层模型不能有效地提取抽象数据表示并捕捉多样化的数据相关性，而无法获得真实的聚类结果。

③ CDIMC-net、CASEN 和 COMPLETER 是深度不完整多模态聚类方法，它们通常可以比浅层方法获得更好的聚类性能。然而，它们的聚类性能仍然有限，原因如下：首先，CDIMC-net 和 CASEN 忽略了多模态数据中的噪声和不可靠模态，因此学习到的表示容易受到噪声和不可靠模态的影响；其次，COMPLETER 同时进行表示学习和数据恢复，然而多模态数据中固有的多样化相关性没有被充分利用；最后，COMPLETER 只能利用两个模态，而无法利用更多模态的互补信息。

④ RDGC 学习方法通常比基准方法表现更好，因为它捕捉了多模态数据的多样化相关性，并联合进行表示学习和聚类，这保证了学习表示的鉴别力。此外，本方法对噪声和不可靠的模态具有一定的鲁棒性，因此学习到的多模态表示可以准确捕捉真实的数据相关性。

4.4.6 参数敏感性分析

在 RDGC 学习方法中研究两个重要参数 ψ 和 γ 的敏感性。在 MNIST 和 VOC 数据集上进行参数敏感性分析。缺失率设置为 $p=30\%$。ψ 调整范围为 $\{0.005,0.01,\cdots,1\}$，γ 调整范围为 $\{0.001,0.05,\cdots,0.5\}$。详细的敏感性分析实验结果展示在图 4.2 中。可以看到，RDGC 学习方法的性能在广泛范围内一般都比较稳定，且这两个参数的适当范围是 $\psi\in[0.01,0.5]$ 和 $\gamma\in[0.005,0.1]$。

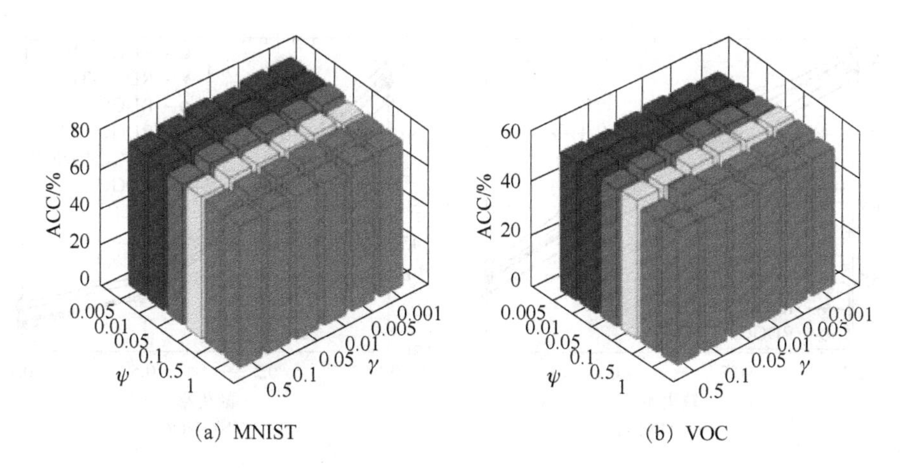

(a) MNIST (b) VOC

图 4.2 在 MNIST 和 VOC 数据集上对 ψ 和 γ 参数敏感性分析实验结果

4.4.7 消融实验

消融实验是在 MNIST 和 VOC 数据集上进行的。引入 5 种对比方法来评估 RDGC 学习方法中每个模块的有效性。

① RDGC-EW:采用等权融合策略代替自适应融合层。通过对每个模态特定表示求平均获得统一表示。

② RDGC-TR:从 RDGC 学习方法中删除图内的对比正则化模块。

③ RDGC-TE:从 RDGC 学习方法中删除图间的对比正则化模块。

④ RDGC-CLU:从 RDGC 学习方法中删除基于聚类引导的图对比正则化模块。

⑤ RDGC-RINCE:用标准的 InfoNCE 损失替换 RINCE。

每种方法的聚类性能如图 4.3 所示。可以观察到,RDGC 学习方法比每种对比方法都获得了更好的聚类性能,这验证了自适应融合层和鲁棒的多样化图对比正则化的有效性和合理性。通过将这两个组件整合到一个统一的目标中,RDGC 学习方法能够抵抗噪声和不可靠模态的影响,同时处理信息丢失问题,从而获得更有效的多模态表示学习和聚类结果。

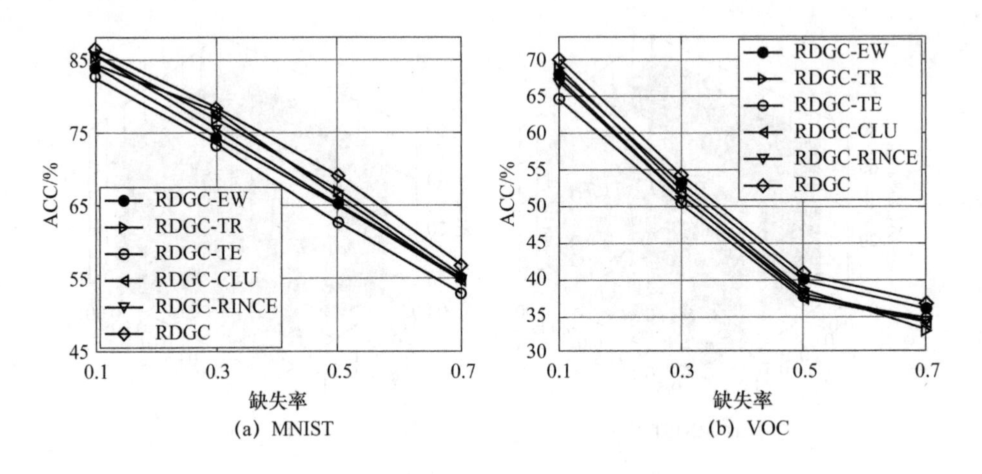

图 4.3 在 MNIST 和 VOC 数据集上的消融实验

本章小结

本章提出了一种鲁棒的多样化图对比(RDGC)网络方法用于不完整多模态聚类任务,它将多模态表示学习和鲁棒的多样化图对比正则化集成到一个统一框架中。与现有的不完整多模态聚类方法相比,本方法利用鲁棒的对比学习损失来抵抗噪声和不可靠的模态,提高了多模态表示的鲁棒性。同时,本章提出了多样化的图对比正则化来捕捉多模态数据中固有的丰富数据相关性,从而提高数据表示的区分能力。此外,本方法可以联合进行数据聚类和表示学习,使这两个任务相互促进。大量实验表明了 RDGC 学习方法与其他不完整多模态聚类方法相比具有更优的性能。

第5章

基于深度神经网络的鲁棒多模态聚类方法

5.1 本章导读

多模态学习作为一类重要的机器学习方法，正越来越多地应用于各类实际场景中，以支持更有效的数据分析和决策过程。通过整合多个来源的数据，如传感器和摄像头，多模态学习方法能够从复杂的数据中提取出有价值的信息。例如，在工业互联网领域，这些多模态数据可用于优化工业流程、预测设备故障，提高整体工作效率。多模态聚类是一种无监督学习技术，旨在通过有效利用多个模态的信息来发现共同的聚类结构，正受到越来越多研究者的重视。

现有的多模态聚类方法可以分为两大类：基于浅层学习和基于深度神经网络。传统的多模态聚类方法（如基于 CCA、子空间、矩阵分类和图的方法）在处理非线性特征方面存在困难并具有较高的计算复杂性，而基于深度神经网络的方法，特别是一阶段和两阶段的深度多模态聚类方法，已在这方面显示出明显的优势。这些方法能够更有效地进行特征学习和聚类，提高特征表示的质量，并在多模态场景中实现更准确的数据聚类。

鉴于上述因素，本章提出一种用于多模态聚类的自注意力增强的细粒度信息融合框架。本方法能够从不同模态中提取细粒度信息，生成全面的数据描述，并有效融合这些细粒度信息以实现准确的聚类。具体而言，本章首先提出了一种使用一维卷积核的细粒度信息提取层，以提取细粒度特征表示，代表每个模态中的详细信息。然后，为了准确融合多个细粒度特征并获得统一的数据表示，本章利用自注意力机制来识别细粒度特征中的有效组件和无效组件。最后，本章提出了一个统一多模态聚类模块，进一步对齐不同模态的表示，并使用聚类结果引导表示学习。对比学习被用于学习多个模态之间的一致信息，而基于深度差异的聚类用于产生聚类结果。实验结果证明了本章方法的有效性，该方法的主要贡献可以总结如下。

① 提出了一个细粒度特征提取模块，该模块引入了一维多模态数据的卷积操作，这种方式有助于每个模态中细粒度信息的提取，以实现更有效的表示。

② 引入了基于自注意力的细粒度特征增强模块，以获得有效的数据表示。该模块捕获了不同细粒度特征之间的关系，并从中融合重要信息，从而实现准确的数据表示。

③ 在多个数据集上进行了大量的实验验证了所提出的自注意力增强细粒度信息融合方法在多模态聚类中的有效性。

5.2 相关工作

现有的多模态聚类方法可以分为两类：基于浅层学习的方法和基于深度神经网络的方法。基于浅层的多模态聚类方法主要分为 4 类：基于 CCA 的方法[116]、基于子空间的方法[117-119]、基于矩阵分类的方法[10,120-122]以及基于图的方法[18,123-124]。这些传统的多模态聚类方法在学习非线性特征方面存在困难，导致表示能力较弱。此外，这些传统方法还具有高计算复杂性。

近年来，基于深度神经网络的多模态聚类方法已逐渐成为多模态聚类领域的主流。基于深度神经网络的多模态聚类方法可以分为两类：一阶段方法和两阶段方法。两阶段深度多模态聚类方法将特征学习和聚类分为两个阶段。在特征学习阶段，首先预训练一个合适的编码器，然后使用编码器提取的特征执行聚类任务。其代表方法包括深度典型相关分析（DCCA）[125]和深度多模态子空间聚类（DMSC）[126]。DCCA 通过 CCA 最大化两个模态的投影深度特征之间的相关性，然后进行后续的 K-means 聚类。DMSC 使用卷积神经网络学习多模态子空间，然后基于学习到的相似度图进行谱聚类。这种两步学习策略可能会切断与特征学习和聚类密切相关的过程。

两阶段学习策略有潜力将特征表示学习和聚类分开。为了解决这个问题，目前已经提出了一阶段深度多模态聚类方法，将特征学习和聚类集成到端到端学习中，这可以提高由聚类任务引导的特征表示学习的质量。DAMC[73]联合优化一致的聚类中心、自编码网络和对抗网络。这种方法中使用的聚类损失函数性能在很大程度上取决于模型在预训练阶段的初始化效果。为了解决这些限制，EAMC[30]通过在编码器网络上优化对抗目标来对齐模态表示。然后使用加权平均融合生成的表示，其权重是通过将表示传递到注意力网络生成的。然而，在多模态场景中，不同模态的质量可能差异很大，直接对齐模态而不考虑它们的质量可能会导致低质量的模态影响高质量的模态。CASEN[99]是一个端到端可训练的框架，联合进行多模态结构增强和数据聚类。RDGC 学习方法[127]将多模态表示学习和多样化的图对比正则化整合到一个统一的框架中，从而获得更加稳健的聚类结果。MFLVC[33]假设模态包含私有信息和共享信息，并提出在高层特征空间上进行对比学习。这可以缓解对比学习和自编码器之间的冲突。DSMVC[32]提出了一种更加稳健的融合策略，缓解了模态增加导致的性能下降问题。然而，现有方法使用常用的神经网络并专注于提取粗粒度数据特征，没有考虑进一步提取更丰富的细粒度特征，这影响了多模态信息提取的完整性，并限制了聚类的有效性。而提取细粒度特征可以从多个粒度描述数据，从而有助于建立更准确的数据关联，并进一步提高聚类的准确性。

5.3 基于深度神经网络的鲁棒多模态聚类方法

本节将介绍所提出的基于深度神经网络的鲁棒多模态聚类方法，该方法基于卷积神经网络和自注意力混合模型。本方法由 3 部分组成：细粒度特征提取模块、基于自注意力的细粒度特征增强模块、多模态统一聚类模块。图 5.1 展示了本方法的整体结构。设数据集的模态数量为 M。设 X^m 为模态 m 的样本。本方法的目标是将多模态数据通过聚类的方式分配到 C 类中。

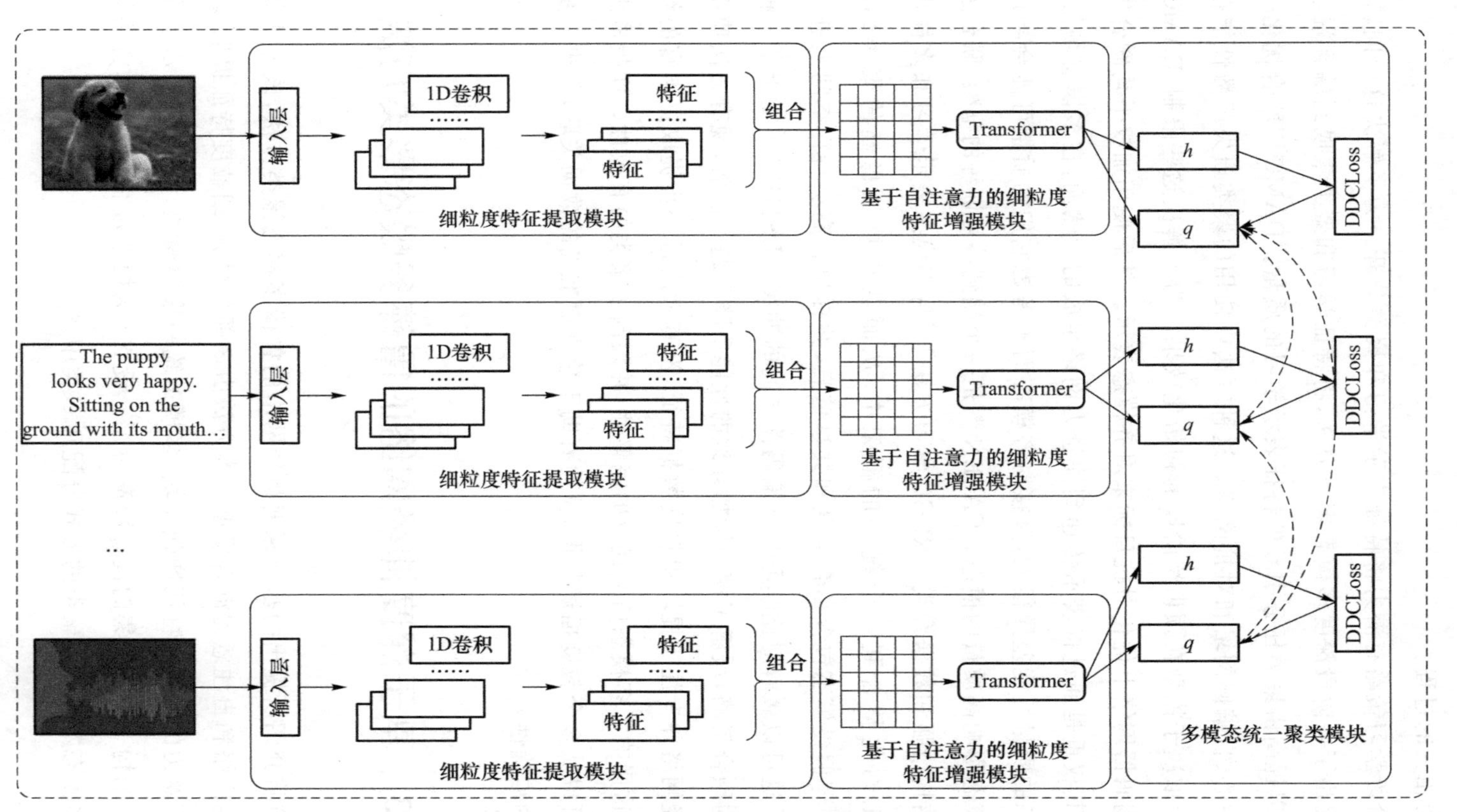

图 5.1 基于深度神经网络的鲁棒多模态聚类网络结构

5.3.1 细粒度特征提取模块

为了提取丰富的数据描述并更全面地表示数据，本方法引入了细粒度特征提取模块来捕获有关数据的细粒度信息，且提出使用多个细粒度特征而不是单个嵌入来表示样本。细粒度特征可以被视为是用来更详细描述数据的表示。为了处理具有不同维度的模态，本方法引入了一个输入层，将每个模态的原始特征映射到具有相同维度的潜在空间。输入层的计算过程由式(5-1)定义。

$$V^m = f_{\text{in}}^m(X^m), \quad V^m \in \mathbb{R}^{d_1} \tag{5-1}$$

其中，X^m 是原始数据的第 m 个模态，f_{in}^m是第 m 个模态的输入层，V^m 是第 m 个输入层所提取的特征，d_1 是多模态数据特征的统一维度。使用两个卷积层可以提取细粒度特征。卷积层可捕捉输入数据中的局部模式和相关性，从而能够提取细粒度信息。当这些层堆叠在一起时，便可以学习更抽象和高层的特征，因此非常适合从不同类型的数据中提取细粒度信息。具体来说，在一个卷积层后面通常会连接一个批归一化层和另一个卷积层作为细粒度特征提取层。每个卷积层的输出通道用 O1 和 O2 表示，其中 O2 对应于方法中的细粒度特征的数量。细粒度特征提取模块可以通过如下表示：

$$Z^m = \text{concat}(\text{conv}^m(V^m)) \tag{5-2}$$

其中，conv^m 是第 m 个模态的细粒度特征提取层。Z^m 是第 m 个模态所提取的细粒度特征。通过这种方式可以对每个模态提取细粒度的特征，以便进行下游的任务。

5.3.2 基于自注意力的细粒度特征增强模块

虽然细粒度特征提供了更为多元化的数据描述，其中一些特征可能会产生有益于聚类任务的准确描述，但并不是所有特征都对聚类任务有帮助。因此，有必要进一步增强这些细粒度特征，以实现更加精准的描述。在这一过程中，本章提出自注意力机制，以突显重要的细粒度特征并舍弃不重要的特征。自注意力机制被视为一种有效的手段，能够聚焦于细粒度特征中的重要信息，同时摒弃无关紧要的内容。

具体而言，对于每个模态，Z^m 作为自注意力块的输入。自注意力块包含两个部分，即多头自注意力模块和前馈神经网络。与通常的 Transformer 块不同，这里不使用位置嵌入和类别嵌入，因为在细粒度特征之间并不存在位置关系。对于自注意力块的最终输出特征，采用均值操作来获取增强的隐藏特征 h。使用一个线性层将 h 映射到与类别数相等的维度上。最后通过 softmax 层，模型能够输出用 q 表示的软标签。如图 5.1 所示，从图中可看到自注意力机制的细粒度特征增强模块的架构。这个模块的设计旨在优化数据表示，使其更适用于复杂的多模态聚类任务。

5.3.3 统一多模态聚类模块

从多模态数据中获得统一的聚类结果是多模态聚类中的关键步骤。本章使用聚类损失 DDC[31]进行数据聚类，该方法采用对比学习来捕获跨多个模态的一致信息。对于单个模态，可采用基于散度的聚类方法来保持类内的紧密性和类间的分离性。为了从多个模态中实现一致的聚类结果，本章使用对比学习来对齐不同模态之间的软标签。将第 i 个类在第 v 个模态上的软标签记为 q_i^v。正对可以表示成 $\{(q_i^v,q_i^u)\}$，其中 $u\neq v$。负对表示为 $\{(q_i^v,q_j^u)\}$，其中，$i,j=0,1,\cdots,C-1$；$u,v=0,1,\cdots,M-1$。$s(q_i^v,q_i^u)$ 是 q_i^v 和 q_i^u 的余弦相似度。$\boldsymbol{Q}^m=[q_0^m,\cdots,q_{C-1}^m]$ 表示第 m 个模态的聚类标签。$\boldsymbol{Q}=[\boldsymbol{Q}^0,\cdots,\boldsymbol{Q}^{M-1}]$ 表示 M 个模态的聚类标签矩阵。对齐不同聚类结果的对比学习损失表示如下：

$$\mathcal{L}_{\text{con}}(\boldsymbol{Q}^v,\boldsymbol{Q}^u)=-\sum_{i=1}^{C}\log\frac{\exp(s(q_i^v,q_i^u)/\tau)}{\sum_{j=1}^{C}\exp(s(q_i^v,q_j^u)/\tau)} \tag{5-3}$$

让 $\boldsymbol{H}=[\boldsymbol{H}^0,\cdots,\boldsymbol{H}^{M-1}]$ 表示 M 个模态中所学习的细粒度特征。使用 DDC 损失函数来获取每个模态最终的类别标签矩阵 $\boldsymbol{Q}^m$。通过将多模态对齐损失和 DDC 聚类损失集成到一个统一的框架中，可以得到如下的损失函数：

$$L_1=\frac{1}{C}\sum_{i=0}^{C-1}\sum_{j=i+1}^{C-1}\frac{(q_i^m)^{\mathrm{T}}\boldsymbol{K}_{\text{hid}}^m(q_j^m)}{(q_i^m)^{\mathrm{T}}\boldsymbol{K}_{\text{hid}}^m(q_i^m)\ (q_j^m)^{\mathrm{T}}\boldsymbol{K}_{\text{hid}}^m(q_j^m)} \tag{5-4}$$

$$L_2=\frac{1}{C}\sum_{i=0}^{C-1}\sum_{j=i+1}^{C-1}\frac{(s_i^m)^{\mathrm{T}}\boldsymbol{K}_{\text{hid}}^m(s_j^m)}{(s_i^m)^{\mathrm{T}}\boldsymbol{K}_{\text{hid}}^m(s_i^m)\ (s_j^m)^{\mathrm{T}}\boldsymbol{K}_{\text{hid}}^m(s_j^m)} \tag{5-5}$$

$$\mathcal{L}_{\text{DDC}}=L_1+\text{triu}(\boldsymbol{Q}^m(\boldsymbol{Q}^m)^{\mathrm{T}})+L_2 \tag{5-6}$$

$$\mathcal{L}=\sum_{v=0}^{M-1}\sum_{u=v+1}^{M-1}\mathcal{L}_{\text{con}}(\boldsymbol{Q}^{v},\boldsymbol{Q}^{u})+\sum_{m=0}^{M-1}\mathcal{L}_{\text{DDC}} \tag{5-7}$$

其中，$\boldsymbol{Q}^m$ 是模态 m 的聚类标签；$s_i^m=\exp(-\|q_i^m-e_i\|)$；$\boldsymbol{K}_{\text{hid}}^m$是通过 $\boldsymbol{H}^m$ 构建的高斯和矩阵；L_1 是用于计算聚类软标签的柯西施瓦兹散度，可以保证类内的紧密性和类间的分离性；L_2 对聚类软件标签和一个标准 R^k 单纯型的相似度计算柯西施瓦兹散度，将聚类结果约束到一个标准的 R^k 单纯型上；triu 操作用来取矩阵的上三角，以保证聚类软标签的正交性；$\mathcal{L}_{\text{DDC}}$表示 DDC 聚类损失。该算法最终损失目标就可以写成$\mathcal{L}$，通过优化损失函数$\mathcal{L}$能够学习每个模态的聚类结果，并通过调整多个模态的聚类结果可获得一个统一的聚类结果。

5.4　优化求解

本方法是一种端到端的模型架构，这种架构的优点在于能够实现模型参数的直接学习和有效学习，以及更好地集成不同模块的特性和功能。通过这种集成，模型能够更加灵活地适应各种数据类型，提高学习效率和预测精度。本方法使用 Adam 优化器进行参数求解，该优化器结合了梯度下降和自适应学习率调整机制，从而在保证收敛速度的同时，优化模型在各种数据集上的表现。通过这种方法，可以有效地解决复杂的优化问题，提高模型在实际应用中的稳健性和可靠性。

5.5　实验分析

5.5.1　数据集

本次实验在 4 个公用数据集上进行。这 4 个数据集经常用于多模态聚类任务，也有许多多模态聚类的相关工作在这些数据集上评估模型性能。

① Mnist-USPS：该数据集包括 5 000 幅手写数字的图像，Mnist 和 USPS 两种风格分别构成两个不同的模态。

② CCV：该数据集包含了 6 773 个样本的视频数据集，属于 20 个类，提供了 3 个模态的词袋特征表示，如 STIP、SIFT 和 MFCC。

③ Handwritten[111]：该数据集由 10 个类中的 2 000 个样本组成。每个数据点由 6 个特征表示，包括轮廓相关性、字符形状的傅里叶系数、Karhunen-Love 系数、形态特征、2×3 窗口中的像素平均值和 Zernike 矩。

④ Caltech5V[128]：该数据集由 RGB 图像的 5 个特征组成，包括 WM、CENTRIST、LBP、GIST 和 HOG。我们从 7 个类别中选择了 1 400 个样本，构成了一个多模态数据集。

5.5.2 对比方法

本实验中主要同以下 9 种多模态聚类方法进行了对比。

① SC[129]：基于谱聚类的多模态聚类方法。

② DCCA[125]：基于典型相关性的多模态聚类方法。

③ DAMC[130]：深度对抗多模态聚类网络。

④ Completer[28]：通过对比预测的不完整多模态聚类方法。

⑤ EAMC[30]：端到端的对抗注意力网络多模态聚类方法。

⑥ SiMVC[31]：朴素多模态聚类方法。

⑦ CoMVC[31]：基于自适应对比对齐的多模态聚类方法。

⑧ MFLVC[33]：多层次特征学习，用于对比多模态聚类。

⑨ DSMVC[32]：深度安全多模态聚类网络，降低多模态融合风险。

5.5.3 评价准则

本章主要使用准确度（ACC）和归一化互信息（NMI）这两个指标来评估聚类的性能，另外还使用了纯度（PUR）指标进行了参数敏感性的分析，ACC 和 NMI 这两个指标的定义如下：

$$\mathrm{ACC}=\frac{\sum_{i=1}^{N}1\{\hat{c}_i=\mathrm{map}(c_i)\}}{N} \tag{5-8}$$

$$\mathrm{NMI}(U,V)=\frac{2I(U;V)}{H(U)+H(V)} \tag{5-9}$$

5.5.4 实验分析

所有方法在 4 个数据集上的多模态聚类结果显示在表 5.1 和表 5.2 中。从表 5.1中可以观察到不同算法在 Mnist-USPS 和 CCV 数据集上的 ACC 和 NMI 性能。在 Mnist-USPS 数据集上，CoMVC 和本章算法展现了最高的 ACC 和 NMI，表明它们在该数据集上的性能最优，即这些算法能够更有效地处理多模态数据的聚类问题。相比之下，SC 和 Completer 算法在 CCV 数据集上的性能相对较低。整体而言，所提出的算法在两个数据集上均展现出了优异的性能，说明该算法在处理多模态聚类问题上具有较强的通用性和有效性。

从表 5.2 中可以发现，DSMVC 和所提出的方法表现最佳，在两个数据集的两个指标上均表现优异。特别是所提出的方法，其在 Handwritten 数据集上的 ACC 达到了 0.942，在 Caltech5V 数据集上的 ACC 也达到了 0.876，这表明该方法在这两个数据集上的分类效果非常好。其他方法如 DCCA、DAMC、Completer、SiMVC、CoMVC 和 MFLVC 在这两个数据集上的表现介于最好和最差之间，且具体表现依赖于数据集和指标。例如，SiMVC 在 Handwritten 数据集上的 ACC 和 NMI 都很高，但在 Caltech5V 数据集上的表现就没有那么突出。Completer 在 Caltech5V 数据集上的表现特别差，ACC 和 NMI 均低于 0.600，这表明它在处理这个数据集时遇到了特别大的挑战。总的来说，所提出的方法在这两个数据集上的整体表现最为出色，表明了其优越的聚类能力和泛化性。

从结果中可以看出，所提出的方法在 CCV 和 Handwritten 数据集上的表现优于比较方法，就 Caltech5V 数据集而言，所提出的方法在 ACC 方面优于其他方法，并且展现出较小的标准偏差。如在 CCV 数据集上，所提出的方法在 ACC 方面比最佳比较方法 MFLVC 高出约 3%，在 NMI 方面高出约 2%。通过从多模态数据中抽取有效的细粒度特征，所提出的方法可以充分利用多模态信息，从而提升聚类效果。

表 5.1　Mnist-USPS 和 CCV 数据集上的聚类性能(平均值±标准差)

方法	Mnist-USPS		CCV	
	ACC	NMI	ACC	NMI
SC	0.832±0.04	0.804±0.04	0.102±0.03	0.5±0.03
DCCA	0.734±0.02	0.692±0.01	0.173±0.03	0.172±0.02
DAMC	0.754±0.03	0.715±0.02	0.243±0.02	0.231±0.01
Completer	0.908±0.04	0.945±0.01	0.132±0.03	0.091±0.01
EAMC	0.715±0.02	0.837±0.04	0.261±0.05	0.266±0.05
SiMVC	0.961±0.02	0.952±0.03	0.151±0.01	0.125±0.02
CoMVC	0.987±0.01	0.976±0.01	0.285±0.03	0.277±0.02
MFLVC	0.994±0.03	**0.985±0.01**	0.29±0.01	0.299±0.01
DSMVC	0.932±0.03	0.923±0.03	0.183±0.03	0.161±0.03
本章算法	**0.994±0.01**	0.982±0.01	**0.321±0.02**	**0.311±0.03**

表 5.2　Handwritten 和 Caltech5V 数据集上的聚类性能(平均值±标准差)

方法	Handwritten		Caltech5V	
	ACC	NMI	ACC	NMI
SC	0.682±0.02	0.663±0.02	0.772±0.03	0.738±0.04
DCCA	0.814±0.04	0.771±0.03	0.801±0.02	0.754±0.03
DAMC	0.821±0.02	0.792±0.03	0.79±0.03	0.726±0.04
Completer	0.792±0.04	0.794±0.03	0.547±0.04	0.55±0.04
EAMC	0.373±0.03	0.239±0.03	0.308±0.04	0.163±0.05
SiMVC	0.844±0.02	0.822±0.02	0.719±0.01	0.677±0.03
CoMVC	0.837±0.04	0.806±0.03	0.69±0.02	0.677±0.03
MFLVC	0.831±0.01	0.815±0.01	0.816±0.04	0.792±0.04
DSMVC	0.921±0.05	0.914±0.05	0.848±0.06	**0.793±0.04**
本章算法	**0.942±0.03**	**0.921±0.03**	**0.876±0.03**	0.781±0.02

图 5.2 展示的是将模型的自注意力机制替换成普通的线性层，在 Caltech5V 数据集上进行实验得到的结果。该结果表明了自注意力机制对于提升模型（在 Caltech5V 数据集上）聚类性能的重要性，尤其是在准确度、归一化互信息和纯度这 3 个关键指标上。自注意力机制通过其动态加权的特征表示能力，为复杂数据集提供了更深层次的数据理解和处理能力。

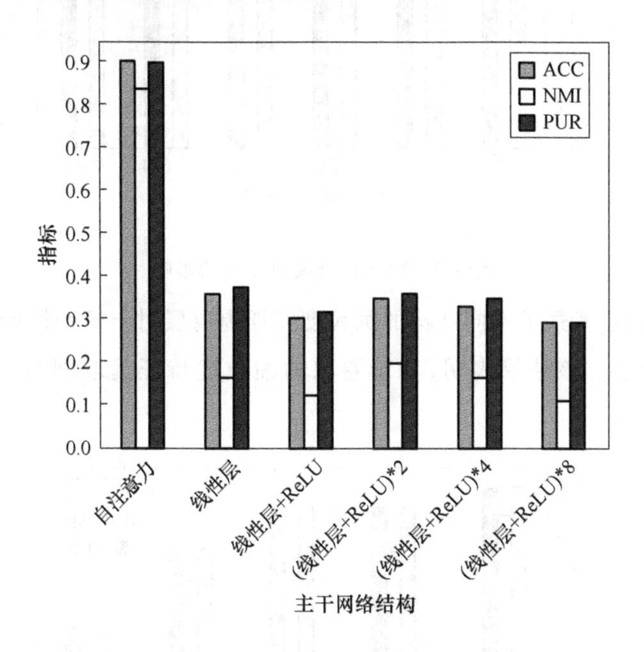

图 5.2　自注意力机制和线性层效果对比

图 5.3 展示了在 Caltech5V 数据集上，通过替换模型的基础架构网络为其他线性层所获得的实验结果。此实验结果展示了基于自注意力机制的架构在性能上的显著优越性。随后，进一步探讨输入层维度对性能的影响，图 5.3 详细展示了不同输入层维度对模型性能的具体影响。经对比分析，可发现当输入层维度设定为 1 024 时，模型性能达到最优。

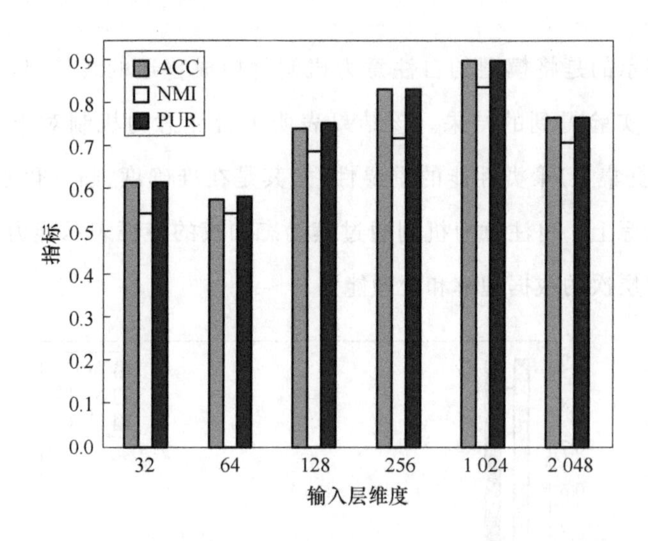

图 5.3 输入层维度对性能的影响

另外，我们还考察了不同结构的细粒度特征提取层对于模型性能的影响，其结果如图 5.4 所示。该结果表明，基于卷积的细粒度特征提取网络在性能上表现最佳。

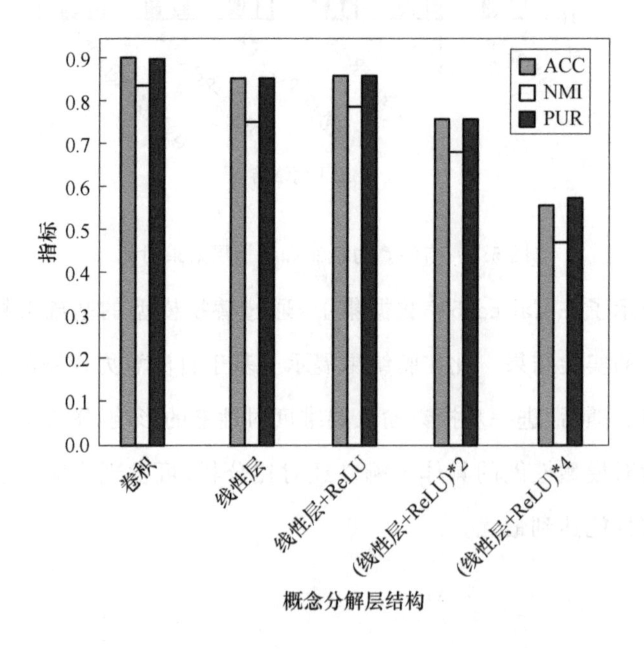

图 5.4 细粒度特征提取层结构对性能的影响

本章小结

本章介绍了一种新颖的多模态聚类方法，该方法的核心在于提出了细粒度特征提取模块，并针对多模态聚类任务设计了一维卷积操作。该方法显著提升了在各个模态中细粒度信息提取的能力，从而实现了更加有效的数据表示。此外，该方法还融合了基于自注意力机制的细粒度特征增强模块，进一步优化了数据表示。这一模块通过捕捉不同细粒度特征间的相互关系，并在筛选重要信息的同时排除冗余部分，有效地实现了精准的数据表征。另外，该方法在 4 个公开数据集上进行了验证，并对其性能进行了评估。而实验结果表明，所提出的聚类方法在多模态学习任务中具有更优的聚类性能。

第6章 基于深度相关预测子空间学习的半监督多模态数据语义标注方法

6.1 本章导读

在许多实际应用场景中，数据可以通过多个模态来表示。例如，图像可以通过不同类型的特征来描述，例如，LBP、SIFT 和颜色直方图。不同的模态通常可以提供互补的信息，而利用多模态数据有利于提高任务的整体性能。然而，在实际情况中，有些模态可能不包含完整的信息，例如，有些网页同时包含图像信息和文本信息，而有些可能只包含文本信息。不完整的数据可能会导致传统多模态方法的性能下降甚至失败。

目前已经提出了一系列不完整多模态无监督或半监督学习的方法。对于两个模态的不完整数据聚类任务，一些方法[128,131]采用矩阵分解模型来寻找公共潜在子空间，其中不同模态的样本被限制为具有相同的表示。为了对两个以上模态进行聚类，MIC[73]采用共同正则化方法将所有模态的子空间推向一致的子空间。DAIMC[91]使用 $l_{2,1}$-范数构建一致的数据表示，以减少缺失模态对整体性能造成的影响。文献[132]提出了一种谱聚类方法来学习所有模态的公共表示和相似图。除了无监督学习之外，最近还有学者提出了针对不完整多模态数据的半监督学习方法。SLIM[133]通过利用内在模态一致性和外在未标记信息来学习分类器,以进一步用于预测未标记样本的类别。为了从不完整的多模态数据中预测多个标签,iMVWL[134]考虑可以通过强化预测结果的标签相关性来学习一致的子空间。

虽然已经提出了一些不完整多模态学习方法,但仍然存在改进的空间。首先,大多数不完整多模态学习方法都是基于浅层模型,无法对复杂的数据学习具有鲁棒性的数据特征表示。其次,由于某些样本在一些模态中可能缺乏特征描述,因此数据相关性是使数据互补、提高数据表示判别力的重要线索。最后,不同模态具有共享信息和独立信息,忽略多模态数据的共享和私有性质会影响分类的性能。

为了解决上述问题,本章提出了一种用于不完整多模态半监督分类的深度相关预测子空间学习(DCPSL)方法。将半监督深度矩阵分解、相关子空间学习和多模态类标签预测集成到统一的目标函数中,以共同学习深度相关预测子空间以及共享标签预测器和私有标签预测器。所提出的方法能够学习适合类标签预测的正确子空间表示,从而进一步提高分类性能。学习到的子空间表示的判别力可以从3个方面得到提升。首先,将标签信息纳入深度矩阵分解模型,使学习到的表示实现明显的类别结构。其次,利用多模态数据的相关性,使不完整的多模态数据相互补充,进一步增强子空间的有效性。最后,通过引入用于分类的共享标签预测器和私有标签预测器,以便可以利用学习的多模态子空间的互补信息并预测更准确的类标签。在多个多模态数据集上进行的实验验证了本方法的有效性。本方法的主要贡献总结如下。

① 通过半监督深度矩阵分解模型提取抽象的高级多模态表示。通过将标签信息编码到表示中,可以显著提高子空间表示的区分能力。

② 从深度矩阵分解模型中学习低秩子空间,可以有效提取数据相关性。然后进一步利用数据相关性来增强所学习的子空间表示的效果。

③ 将标签预测器分为共享部分和私有部分,这可以有效利用多模态互补信息,提高类别标签预测的性能。

6.2 方法设计

6.2.1 预备工作

对于具有 V 个模态的完整多模态数据,样本 x_i 由 V 个特征 $\{x_i^{(1)}, x_i^{(2)}, \cdots, x_i^{(V)}\}$ 组成,其中 $x_i^{(v)} \in \mathbb{R}^{d_v}$, d_v 表示第 V 个模态的特征维数。由于数据不完整的问题,x_i 可能缺少一些模态的特征。令 τ 表示 x_i 出现的模态的索引,则 x_i 是 $\{x_i^{(j)}\}_{j\in\tau}$ 的组合。给定 n 个样本,不完整多模态数据可以用矩阵 $\{\boldsymbol{X}^{(v)} \in \mathbb{R}^{d_v \times n_v}\}_{v=1}^{V}$ 表示,其中 $\boldsymbol{X}^{(v)}$ 由第 v 个模态中出现的 n_v 个样本组成。由于多模态数据缺失问题一般有 $n_v \leqslant n$。在半监督设置中,一些样本有标签,而另一些样本没有标签。使用 $\boldsymbol{Y}=[y_1, y_2, \cdots, y_n] \in \{0,1\}^{c\times l}$ 表示标签矩阵,其中 l 为标记样本个数,c 为类数。对于标记样本 x_j,如果属于第 i 类,则 $Y_{ij}=1$;否则 $Y_{ij}=0$。本方法的目标是基于不完整的多模态特征矩阵 $\{\boldsymbol{X}^{(v)}\}_{v=1}^{V}$ 和标签矩阵 $\boldsymbol{Y}$ 来预测未标记样本的类标签。

为了捕捉复杂的数据分布,提出利用深度半监督非负矩阵分解(Deep Semi-NMF)[135]来学习数据内在的属性和高层次的特征表示。它将数据矩阵 $\boldsymbol{X}$ 分解成 m 层,如下所示:

$$\begin{aligned} &\boldsymbol{X} \approx \boldsymbol{Z}_1 \boldsymbol{H}_1^{+}, \\ &\boldsymbol{X} \approx \boldsymbol{Z}_1 \boldsymbol{Z}_2 \boldsymbol{H}_2^{+}, \\ &\quad\vdots \\ &\boldsymbol{X} \approx \boldsymbol{Z}_1 \boldsymbol{Z}_2 \cdots \boldsymbol{Z}_m \boldsymbol{H}_m^{+} \end{aligned} \tag{6-1}$$

其中,$\boldsymbol{Z}_i \in \mathbb{R}^{k_{i-1}\times k_i}$ 和 $\boldsymbol{H}_m \in \mathbb{R}^{k_m \times n}$ 分别是加载矩阵和系数矩阵,这里 k_i 表示第 i 层的维度,而 $(a)^{+}=\max(0,a)$ 对应于铰链操作。

子空间聚类[136-137]假设数据来自不同的子空间,并且其目标是根据数据的基础子空间对数据进行聚类。其中低秩表示(Low-Rank Representation, LRR)方法[14]是一类重要的子空间聚类方法,它通过学习低秩子空间表示实现了更优的聚类性能。给定数据矩阵 $\boldsymbol{X} \in \mathbb{R}^{d\times n}$,低秩表示方法通过寻找所有数据的低秩表示来解决自表示问题,如下所示:

$$\min_{\boldsymbol{S}} \|\boldsymbol{S}\|_*, \quad \text{s. t. } \boldsymbol{X}=\boldsymbol{X}\boldsymbol{S}+\boldsymbol{E} \tag{6-2}$$

其中,$\boldsymbol{S}\in\mathbb{R}^{n\times n}$是数据矩阵 $\boldsymbol{X}$ 学习到的低秩子空间表示,$\boldsymbol{E}$ 是误差矩阵,$\|\cdot\|_*$ 表示矩阵的核范数,等于其奇异值的和。学习到的低秩子空间表示 $\boldsymbol{S}$ 能够捕捉数据样本之间的相关性。

6.2.2 问题描述

在半监督不完整多模态学习中存在两个主要问题:①如何获得适当的多模态数据表示用于分类;②如何预测未标记样本的类别标签。为此,本章首先引入深度相关子空间学习来表示多模态数据,然后引入多模态共享和私有标签预测器,最后将最终目标函数集成这两个子问题,以获得适当的子空间表示和准确的分类结果。

1. 深度相关子空间学习

为了学习半监督分类的适当多模态表示,应考虑 3 个因素。第一,应利用类别标签信息来引导表示学习。第二,数据相关性包含了关于数据之间关系的丰富描述,可以用来增强表示的有效性。第三,数据样本可能由复杂的数据分布产生。与浅层模型相比,深层模型可以更好地学习固有属性和更高层次的数据表示。基于上述观点,本方法引入以下深度相关子空间学习目标来获得数据表示。

$$\begin{aligned}
&\min J_1(\boldsymbol{Z}_i^{(v)},\boldsymbol{H}_m^{(v)},\boldsymbol{S}^{(v)})\\
&=\sum_{v=1}^{V}\{\|\boldsymbol{X}^{(v)}-\boldsymbol{Z}_1^{(v)}\boldsymbol{Z}_2^{(v)}\cdots\boldsymbol{Z}_m^{(v)}\boldsymbol{H}_m^{(v)}\boldsymbol{P}^{(v)}\|_F^2+\|\boldsymbol{H}_m^{(v)}\boldsymbol{P}^{(v)}-\boldsymbol{H}_m^{(v)}\boldsymbol{P}^{(v)}\boldsymbol{S}^{(v)}\|_F^2+\alpha\|\boldsymbol{S}^{(v)}\|_*\}\\
&\text{s. t.}\quad \boldsymbol{H}_m^{(v)}\geqslant 0,\quad \boldsymbol{S}^{(v)}\geqslant 0
\end{aligned} \tag{6-3}$$

其中,m 是层数。$\boldsymbol{Z}_i^{(v)}$ 和 $\boldsymbol{H}_m^{(v)}$ 分别是第 v 个模态的学习加载矩阵和系数矩阵。受文献[139]的启发,标签约束矩阵 $\boldsymbol{P}^{(v)}\in\mathbb{R}^{(n_v-l_v+c)\times n_v}$被用于引导 $\boldsymbol{H}_m^{(v)}$ 学习,其中 c 是类别数,l_v 是第 v 个模态中标记样本的数量。例如,给定来自第 v 个模态的样本$\{x_1^{(v)},x_2^{(v)},\cdots,x_{n_v}^{(v)}\}$,$x_1^{(v)}$ 和 $x_2^{(v)}$ 属于类 1,$x_3^{(v)}$ 和 $x_4^{(v)}$ 属于类 2,其余样本为未标记,则定义 $\boldsymbol{P}^{(v)}$ 如下:

$$\boldsymbol{P}^{(v)}=\begin{pmatrix}1&1&0&0&0\\0&0&1&1&0\\0&0&0&0&\boldsymbol{I}_{n_v-4}\end{pmatrix} \tag{6-4}$$

这里的 $\boldsymbol{I}_{n_v-4}\in\mathbb{R}^{(n_v-4)\times n_v-4}$ 是一个单位矩阵。新的数据表示变为 $\boldsymbol{H}_m^{(v)}\boldsymbol{P}^{(v)}$，其中标签信息可以得到很好的保留。这很容易得出的是，如果 $x_i^{(v)}$ 和 $x_j^{(v)}$ 拥有相同的标签，那么 $(\boldsymbol{H}_m^{(v)}\boldsymbol{P}^{(v)})_{(:,i)}=(\boldsymbol{H}_m^{(v)}\boldsymbol{P}^{(v)})_{(:,j)}$。尽管 $\boldsymbol{H}_m^{(v)}\boldsymbol{P}^{(v)}$ 能够实现高级特征表示并保留标签信息，但它并没有充分利用数据的相关性，这可能会影响其判别能力。因此可以进一步从 $\boldsymbol{H}_m^{(v)}\boldsymbol{P}^{(v)}$ 中学习低秩子空间 $\boldsymbol{S}^{(v)}\in\mathbb{R}^{n_v\times n_v}$，以揭示数据间的内在相关性。通过自表示学习，$\boldsymbol{S}_i^{(v)}$ 的每个元素都能很好地捕捉两个样本之间的关系，因此可以利用 $\boldsymbol{H}_m^{(v)}\boldsymbol{P}^{(v)}\boldsymbol{S}_i^{(v)}$ 作为增强的数据子空间表示来实现更好的预测。

2. 多模态共享和私有标签预测器

考虑数据子空间表示 $\boldsymbol{H}_m^{(v)}\boldsymbol{P}^{(v)}\boldsymbol{S}_i^{(v)}\in\mathbb{R}^{k_m\times n_v}$ 和标签矩阵 $\boldsymbol{Y}\in\mathbb{R}^{c\times l}$ 应该能够有效预测未标记样本的类别标签，因此本方法选择采用线性回归模型进行标签预测，且该模型计算简便且有效。值得注意的是，不同模态之间通常共享一些公共信息，同时保留了一些独立信息。只有考虑多模态数据的共享属性和私有属性，才能准确预测数据的标签。因此，本章提出以下多模态数据共享和私有的标签预测方法：

$$\begin{aligned}&\min J_2(\boldsymbol{W}_s,\boldsymbol{W}_p^{(v)},\boldsymbol{F})\\&=\sum_{v=1}^{V}\{\|(\boldsymbol{W}_s+\boldsymbol{W}_p^{(v)})\boldsymbol{H}_m^{(v)}\boldsymbol{P}^{(v)}\boldsymbol{S}^{(v)}-\boldsymbol{F}\boldsymbol{Q}^{(v)}\|_F^2+\beta_1\|\boldsymbol{W}_p^{(v)}\|_1+\beta_2\|\boldsymbol{W}_s\|_F^2\}\\&\text{s.t.}\quad \boldsymbol{F}_{\pi_l}=\boldsymbol{Y}\end{aligned}\tag{6-5}$$

其中，$\boldsymbol{F}\in\mathbb{R}^{c\times n}$ 是预测的标签矩阵，π_l 是有标签样本的索引集。$\boldsymbol{F}_{\pi_l}=\boldsymbol{Y}$ 保证了对有标签数据的预测与真实标签相同。第 v 个模态的标签预测器可以表示为 $\boldsymbol{W}^{(v)}=\boldsymbol{W}_s+\boldsymbol{W}_p^{(v)}$，其中 $\boldsymbol{W}_s\in\mathbb{R}^{c\times k_m}$ 是所有模态的共享部分，而 $\boldsymbol{W}_p^{(v)}\in\mathbb{R}^{c\times k_m}$ 仅用于第 v 个模态的私有部分。对 $\boldsymbol{W}_p^{(v)}$ 强加 l_1-范数正则化，以使其自适应地捕捉第 v 个模态的私有部分。不同模态采用不同的标签预测器，从而可以利用多模态互补信息生成更准确的结果。

为了处理不完整的多模态数据，引入了对齐矩阵 $\boldsymbol{Q}^{(v)}\in\mathbb{R}^{n\times n_v}$，它表示出现在第 v 个模态中的 n_v 个样本与所有 n 个样本之间的对应关系。例如，如果来自第 v 个模态的 3 个样本，即 $\boldsymbol{H}_m^{(v)}\boldsymbol{P}^{(v)}\boldsymbol{S}_i^{(v)}\in\mathbb{R}^{k_m\times 3}$，分别对应于 $\boldsymbol{F}$ 中第 2 个、第 3 个和第 5 个样本，则构造 $\boldsymbol{Q}^{(v)}\in\mathbb{R}^{n\times 3}$：

$$\boldsymbol{Q}^{(v)}=\begin{pmatrix}0&0&0\\1&0&0\\0&1&0\\0&0&0\\0&0&1\\&\cdots&\end{pmatrix} \tag{6-6}$$

本方法可以灵活处理不完整的多模态数据，从而可以有效地利用来自不同模态的所有样本进行标签预测。在获得 $\boldsymbol{F}$ 之后，任何未标记样本都可以被分配到一个类别。具体地，未标记样本 x_i 的类别由 $\arg\max_j \boldsymbol{F}_{ji}$ 确定。

3. 最终目标函数

最终的目标函数是通过结合上述子问题形成的。通过同时进行深度相关子空间学习和多模态共享与私有标签预测器学习，构建了最终的目标函数，其定义如下：

$$\begin{aligned}&\min J(\boldsymbol{Z}_i^{(v)},\boldsymbol{H}_m^{(v)},\boldsymbol{S}^{(v)},\boldsymbol{W}_s,\boldsymbol{W}_p^{(v)},\boldsymbol{F})\\=&\sum_{v=1}^{V}\{\|\boldsymbol{X}^{(v)}-\boldsymbol{Z}_1^{(v)}\boldsymbol{Z}_2^{(v)}\cdots\boldsymbol{Z}_m^{(v)}\boldsymbol{H}_m^{(v)}\boldsymbol{P}^{(v)}\|_F^2+\|\boldsymbol{H}_m^{(v)}\boldsymbol{P}^{(v)}-\boldsymbol{H}_m^{(v)}\boldsymbol{P}^{(v)}\boldsymbol{S}^{(v)}\|_F^2+\\&\lambda\|(\boldsymbol{W}_s+\boldsymbol{W}_p^{(v)})\boldsymbol{H}_m^{(v)}\boldsymbol{P}^{(v)}\boldsymbol{S}^{(v)}-\boldsymbol{F}\boldsymbol{Q}^{(v)}\|_F^2+\phi(\boldsymbol{S}^{(v)},\boldsymbol{W}_p^{(v)},\boldsymbol{W}_s)\}\\&\text{s. t.}\quad \boldsymbol{H}_m^{(v)}\geqslant 0,\quad \boldsymbol{S}^{(v)}\geqslant 0,\boldsymbol{F}_{\pi_l}=\boldsymbol{Y}\end{aligned} \tag{6-7}$$

其中，

$$\phi(\boldsymbol{S}^{(v)},\boldsymbol{W}_p^{(v)},\boldsymbol{W}_s)=\alpha\|\boldsymbol{S}^{(v)}\|_*+\beta_1\|\boldsymbol{W}_p^{(v)}\|_1+\beta_2\|\boldsymbol{W}_s\|_F^2 \tag{6-8}$$

其中，引入 λ 来控制标签预测项的权重。通过解决最终的目标函数 J，本方法可以联合学习子空间表示、标签预测器和预测的标签矩阵 $\boldsymbol{F}$，获得更有效的数据表示和更准确的分类结果。

6.3　优化方法

本节介绍关于通过迭代的块坐标下降算法解决最终目标函数，即式(6-7)的细节。在每次迭代中只有一个变量被更新，而其他变量保持固定。具体来说，本方法预训练每一层,并获得初始的 $\boldsymbol{Z}_i^{(v)}$ 和 $\boldsymbol{H}_m^{(v)}$。然后,每个变量诸如 $\boldsymbol{Z}_i^{(v)}$、$\boldsymbol{H}_m^{(v)}$、$\boldsymbol{S}^{(v)}$、$\boldsymbol{W}_s$、$\boldsymbol{W}_p^{(v)}$ 和 $\boldsymbol{F}$ 都会被更新。预训练的细节和更新规则的推导如下文所示。算法 6.1 展示了求解目标函数,即式(6-7)的算法。更新规则的详细推导如下。

6.3.1 深度矩阵分解模型的预训练

深度矩阵分解中的潜在因子 $\boldsymbol{Z}_i^{(v)}$ 和 $\boldsymbol{H}_i^{(v)}$ 应在解决其他变量之前进行预训练。对于每个模态 $v=1,\cdots,n_v$,第一层是通过 $\boldsymbol{X}^{(v)}\approx\boldsymbol{Z}_1^{(v)}\boldsymbol{H}_1^{(v)}$ 进行学习的,其中 $\boldsymbol{Z}_1^{(v)}\in\mathbb{R}^{d_v\times k_1}$,而 $\boldsymbol{H}_1^{(v)}\in\mathbb{R}^{k_1\times n}$。在此之后,系数矩阵 $\boldsymbol{H}_1^{(v)}$ 进一步被分解为 $\boldsymbol{H}_1^{(v)}\approx\boldsymbol{Z}_2^{(v)}\boldsymbol{H}_2^{(v)}$,其中 $\boldsymbol{Z}_2^{(v)}\in\mathbb{R}^{k_1\times k_2}$,而 $\boldsymbol{H}_2^{(v)}\in\mathbb{R}^{k_2\times n}$。这个过程会一直持续,直到所有的层都被预训练,也就是说,直到 $\boldsymbol{H}_2^{(v)}\approx\boldsymbol{Z}_3^{(v)}\boldsymbol{H}_3^{(v)},\cdots,\boldsymbol{H}_{m-1}^{(v)}\approx\boldsymbol{Z}_m^{(v)}\boldsymbol{H}_m^{(v)}$。

6.3.2 更新 $\boldsymbol{Z}_i^{(v)}$

为求出 $\boldsymbol{Z}_i^{(v)}$,令偏导数$\partial(J)/\partial(\boldsymbol{Z}_i^{(v)})=0$,然后更新规则可以通过 $\boldsymbol{Z}_i^{(v)}\leftarrow\boldsymbol{\Psi}^{\dagger}\boldsymbol{X}^{(v)}\boldsymbol{\Omega}^{\dagger}$ 得到,其中 $\Psi=\boldsymbol{Z}_1^{(v)}\cdots\boldsymbol{Z}_{i-1}^{(v)}$,而 $\boldsymbol{\Omega}=\boldsymbol{Z}_{i+1}^{(v)}\cdots\boldsymbol{Z}_m^{(v)}\boldsymbol{H}_m^{(v)}\boldsymbol{P}^{(v)}$。这里的$(\cdot)^{\dagger}$ 代表 Moore-Penrose 伪逆算子,$\boldsymbol{A}^{\dagger}=(\boldsymbol{A}^{\mathrm{T}}\boldsymbol{A})^{-1}\boldsymbol{A}^{\mathrm{T}}$。

6.3.3 更新 $\mathbf{H}_m^{(v)}$

为了求出 $\boldsymbol{H}_m^{(v)}$,本方法从 J 中提取相关部分并得到

$$\begin{aligned}J(\boldsymbol{H}_m^{(v)})=&\|\boldsymbol{X}^{(v)}-\boldsymbol{Z}_1^{(v)}\boldsymbol{Z}_2^{(v)}\cdots\boldsymbol{Z}_m^{(v)}\boldsymbol{H}_m^{(v)}\boldsymbol{P}^{(v)}\|_F^2+\\&\|\boldsymbol{H}_m^{(v)}\boldsymbol{P}^{(v)}-\boldsymbol{H}_m^{(v)}\boldsymbol{P}^{(v)}\boldsymbol{S}^{(v)}\|_F^2+\\&\lambda\|(\boldsymbol{W}_s+\boldsymbol{W}_p^{(v)})\boldsymbol{H}_m^{(v)}\boldsymbol{P}^{(v)}\boldsymbol{S}^{(v)}-\boldsymbol{F}\boldsymbol{Q}^{(v)}\|_F^2\end{aligned}\tag{6-9}$$

其中,$\boldsymbol{W}^{(v)}=\boldsymbol{W}_s+\boldsymbol{W}_p^{(v)}$。通过使用标准的半监督 NMF 优化方法,可以推导出以下的乘法更新规则。

$$(\boldsymbol{H}_m^{(v)})_{ij}\leftarrow(\boldsymbol{H}_m^{(v)})_{ij}\sqrt{\frac{(\Gamma_1)_{ij}}{(\Gamma_2)_{ij}}}\tag{6-10}$$

其中,

$$
\begin{aligned}
\Gamma_1 = & [\boldsymbol{\Psi}^{\mathrm{T}} \boldsymbol{X}^{(v)} \boldsymbol{P}^{(v)}]^{\mathrm{pos}} + [2\boldsymbol{H}_m^{(v)} \boldsymbol{P}^{(v)} \boldsymbol{S}^{(v)} {\boldsymbol{P}^{(v)}}^{\mathrm{T}}]^{\mathrm{pos}} + \\
& [\lambda {\boldsymbol{W}^{(v)}}^{\mathrm{T}} \boldsymbol{F}\boldsymbol{Q}^{(v)} {\boldsymbol{S}^{(v)}}^{\mathrm{T}} {\boldsymbol{P}^{(v)}}^{\mathrm{T}}]^{\mathrm{pos}} + \\
& [\boldsymbol{\Psi}^{\mathrm{T}} \boldsymbol{\Psi} \boldsymbol{H}_m^{(v)} \boldsymbol{P}^{(v)} {\boldsymbol{P}^{(v)}}^{\mathrm{T}}]^{\mathrm{neg}} + [\boldsymbol{H}_m^{(v)} \boldsymbol{P}^{(v)} {\boldsymbol{P}^{(v)}}^{\mathrm{T}}]^{\mathrm{neg}} + \\
& [\boldsymbol{H}_m^{(v)} \boldsymbol{P}^{(v)} \boldsymbol{S}^{(v)} {\boldsymbol{S}^{(v)}}^{\mathrm{T}} {\boldsymbol{P}^{(v)}}^{\mathrm{T}}]^{\mathrm{neg}} + \\
& [\lambda {\boldsymbol{W}^{(v)}}^{\mathrm{T}} \boldsymbol{W}^{(v)} \boldsymbol{H}_m^{(v)} \boldsymbol{P}^{(v)} \boldsymbol{S}^{(v)} {\boldsymbol{S}^{(v)}}^{\mathrm{T}} {\boldsymbol{P}^{(v)}}^{\mathrm{T}}]^{\mathrm{neg}}
\end{aligned} \tag{6-11}
$$

以及

$$
\begin{aligned}
\Gamma_2 = & [\boldsymbol{\Psi}^{\mathrm{T}} \boldsymbol{X}^{(v)} \boldsymbol{P}^{(v)}]^{\mathrm{neg}} + [2\boldsymbol{H}_m^{(v)} \boldsymbol{P}^{(v)} \boldsymbol{S}^{(v)} {\boldsymbol{P}^{(v)}}^{\mathrm{T}}]^{\mathrm{neg}} + \\
& [\lambda {\boldsymbol{W}^{(v)}}^{\mathrm{T}} \boldsymbol{F}\boldsymbol{Q}^{(v)} {\boldsymbol{S}^{(v)}}^{\mathrm{T}} {\boldsymbol{P}^{(v)}}^{\mathrm{T}}]^{\mathrm{neg}} + \\
& [\boldsymbol{\Psi}^{\mathrm{T}} \boldsymbol{\Psi} \boldsymbol{H}_m^{(v)} \boldsymbol{P}^{(v)} {\boldsymbol{P}^{(v)}}^{\mathrm{T}}]^{\mathrm{pos}} + [\boldsymbol{H}_m^{(v)} \boldsymbol{P}^{(v)} {\boldsymbol{P}^{(v)}}^{\mathrm{T}}]^{\mathrm{pos}} + \\
& [\boldsymbol{H}_m^{(v)} \boldsymbol{P}^{(v)} \boldsymbol{S}^{(v)} {\boldsymbol{S}^{(v)}}^{\mathrm{T}} {\boldsymbol{P}^{(v)}}^{\mathrm{T}}]^{\mathrm{pos}} + \\
& [\lambda {\boldsymbol{W}^{(v)}}^{\mathrm{T}} \boldsymbol{W}^{(v)} \boldsymbol{H}_m^{(v)} \boldsymbol{P}^{(v)} \boldsymbol{S}^{(v)} {\boldsymbol{S}^{(v)}}^{\mathrm{T}} {\boldsymbol{P}^{(v)}}^{\mathrm{T}}]^{\mathrm{pos}}
\end{aligned} \tag{6-12}
$$

在式(6-11)和式(6-12)中的$[\cdot]^{\mathrm{pos}}$和$[\cdot]^{\mathrm{neg}}$表示对矩阵中的所有负元素和正元素分别替换为 0 的操作,其可以定义为

$$
[\boldsymbol{A}]_{ij}^{\mathrm{pos}} = \frac{|A_{ij}| + A_{ij}}{2}, \quad [\boldsymbol{A}]_{ij}^{\mathrm{neg}} = \frac{|A_{ij}| - A_{ij}}{2}
$$

6.3.4 更新 $\boldsymbol{S}_i^{(v)}$

通过从最终的目标函数 J 中保留与$\boldsymbol{S}_i^{(v)}$ 相关的部分,可以得到以下问题。

$$
\begin{aligned}
& \min_{\boldsymbol{S}^{(v)}} \|\boldsymbol{H}_m^{(v)} \boldsymbol{P}^{(v)} - \boldsymbol{H}_m^{(v)} \boldsymbol{P}^{(v)} \boldsymbol{S}^{(v)}\|_F^2 + \alpha \|\boldsymbol{S}^{(v)}\|_* + \lambda \|\boldsymbol{W}^{(v)} \boldsymbol{H}_m^{(v)} \boldsymbol{P}^{(v)} \boldsymbol{S}^{(v)} - \boldsymbol{F}\boldsymbol{Q}^{(v)}\|_F^2 \\
& \text{s.t. } \boldsymbol{S}^{(v)} \geqslant 0
\end{aligned} \tag{6-13}
$$

这个问题可以通过交替方向乘子法(ADMM)来解决。式(6-13)的增广Lagrange函数是

$$
\begin{aligned}
\mathcal{L}(\boldsymbol{S}^{(v)}, \boldsymbol{B}_1, \boldsymbol{B}_2, \boldsymbol{B}_3, \boldsymbol{B}_4) = & \|\boldsymbol{H}_m^{(v)} \boldsymbol{P}^{(v)} - \boldsymbol{B}_1\|_F^2 + \alpha \|\boldsymbol{B}_2\|_* + \\
& \lambda \|\boldsymbol{B}_3 - \boldsymbol{F}\boldsymbol{Q}^{(v)}\|_F^2 + l_R + \boldsymbol{B}_4 + \frac{\mu}{2} \|\boldsymbol{B}_4 - \boldsymbol{S}^{(v)} - \boldsymbol{R}_4\|_F^2 + \\
& \frac{\mu}{2} \|\boldsymbol{B}_1 - \boldsymbol{H}_m^{(v)} \boldsymbol{P}^{(v)} \boldsymbol{S}^{(v)} - \boldsymbol{R}_1\|_F^2 + \frac{\mu}{2} \|\boldsymbol{B}_2 - \boldsymbol{S}^{(v)} - \boldsymbol{R}_2\|_F^2 + \\
& \frac{\mu}{2} \|\boldsymbol{B}_3 - \boldsymbol{W}^{(v)} \boldsymbol{H}_m^{(v)} \boldsymbol{P}^{(v)} \boldsymbol{S}^{(v)} - \boldsymbol{R}_3\|_F^2
\end{aligned} \tag{6-14}
$$

其中，$\{\boldsymbol{B}_i\}_{i=1}^{n_v}$是辅助变量，$\{\boldsymbol{R}_i\}_{i=1}^{n_v}$是拉格朗日乘子。$l_R+(\cdot)$的定义为

$$l_R+(\boldsymbol{A})=\begin{cases}0 & \boldsymbol{A}\geqslant 0\\ +\infty & \text{其他}\end{cases}$$

通过设置偏导数$\partial(\mathcal{L}(\boldsymbol{S}^{(v)},\boldsymbol{B}_1,\boldsymbol{B}_2,\boldsymbol{B}_3,\boldsymbol{B}_4))/\partial(\boldsymbol{S}^{(v)})=0$来解出$\boldsymbol{S}^{(v)}$。

$$\boldsymbol{S}^{(v)}\leftarrow(\boldsymbol{\xi}^{(v)^{\mathrm{T}}}\boldsymbol{\xi}^{(v)}+\boldsymbol{\xi}^{(v)^{\mathrm{T}}}\boldsymbol{W}^{(v)^{\mathrm{T}}}\boldsymbol{W}^{(v)}\boldsymbol{\xi}^{(v)}+2\boldsymbol{I})^{-1}(\boldsymbol{\xi}^{(v)^{\mathrm{T}}}\eta_1+\eta_2+\boldsymbol{\xi}^{(v)^{\mathrm{T}}}\boldsymbol{W}^{(v)^{\mathrm{T}}}\eta_3+\eta_4) \tag{6-15}$$

其中，$\eta_i=\boldsymbol{B}_i-\boldsymbol{R}_i$，$\boldsymbol{\xi}^{(v)}=\boldsymbol{H}_m^{(v)}\boldsymbol{P}^{(v)}$，$\boldsymbol{I}$为单位矩阵。通过使用类似的更新方法，本方法可以解出$\boldsymbol{B}_1$和$\boldsymbol{B}_3$。

$$\boldsymbol{B}_1\leftarrow\frac{1}{2+\mu}(2\boldsymbol{H}_m^{(v)}\boldsymbol{P}^{(v)}+\mu(\boldsymbol{H}_m^{(v)}\boldsymbol{P}^{(v)}\boldsymbol{S}^{(v)})+\boldsymbol{R}_1)) \tag{6-16}$$

$$\boldsymbol{B}_3\leftarrow\frac{1}{2\lambda+\mu}(2\lambda\boldsymbol{F}\boldsymbol{Q}^{(v)}+\mu(\boldsymbol{W}^{(v)}\boldsymbol{H}_m^{(v)}\boldsymbol{P}^{(v)}\boldsymbol{S}^{(v)})+\mu\boldsymbol{R}_3)) \tag{6-17}$$

接下来使用奇异值阈值算子[140]来求解$\boldsymbol{B}_2$。令$\Theta_\tau(\boldsymbol{A})=\boldsymbol{U}\boldsymbol{\Lambda}_\tau\boldsymbol{V}^{\mathrm{T}}$，其中$\boldsymbol{A}=\boldsymbol{U}\boldsymbol{\Lambda}_\tau\boldsymbol{V}^{\mathrm{T}}$为奇异值分解，$\boldsymbol{\Lambda}_\tau(a)=\mathrm{sgn}(a)\max(|a|-\tau,0)$为收缩算子。那么$\boldsymbol{B}_2$的更新规则为$\boldsymbol{B}_2\leftarrow\Theta_{a/\mu}(\boldsymbol{S}^{(v)}+\boldsymbol{R}_2)$。考虑非负约束，$\boldsymbol{B}_4$可通过$\boldsymbol{B}_4\leftarrow\max(\boldsymbol{S}^{(v)}+\boldsymbol{R}_4,0)$来求出。此外，拉格朗日乘子$\boldsymbol{R}_1$、$\boldsymbol{R}_2$、$\boldsymbol{R}_3$和$\boldsymbol{R}_4$也应进行更新。算法6.2总结了用于解决$\boldsymbol{S}^{(v)}$的ADMM优化过程。

6.3.5 更新W_s和$\boldsymbol{W}_p^{(v)}$

在这个子问题中，从J中固定$\boldsymbol{W}_s$和$\boldsymbol{W}_p^{(v)}$的相关部分，然后优化$\boldsymbol{W}_s$和$\boldsymbol{W}_p^{(v)}$。优化问题变成

$$\sum_{v=1}^{V}(\|(\boldsymbol{W}_s+\boldsymbol{W}_p^{(v)})\boldsymbol{H}_m^{(v)}\boldsymbol{P}^{(v)}\boldsymbol{S}^{(v)}-\boldsymbol{F}\boldsymbol{Q}^{(v)}\|_F^2+\beta_1\|\boldsymbol{W}_p^{(v)}\|_1+\beta_2\|\boldsymbol{W}_s\|_F^2) \tag{6-18}$$

可以通过求解岭回归和拉索回归问题来更新$\boldsymbol{W}_s$和$\boldsymbol{W}_p^{(v)}$。$\boldsymbol{W}_s$可以获得闭式解，$\boldsymbol{W}_p^{(v)}$可以通过标准的坐标下降方法[141]来更新。

6.3.6 更新$\boldsymbol{F}$

考虑在$\boldsymbol{F}$上强加的等式约束$\boldsymbol{F}_{\pi_l}=\boldsymbol{Y}$，本方法将引入惩罚项，从而得到以下等效的目标函数来求解$\boldsymbol{F}$。

$$J(\boldsymbol{F})=\sum_{v=1}^{V}\|\boldsymbol{W}^{(v)}\boldsymbol{H}_m^{(v)}\boldsymbol{P}^{(v)}\boldsymbol{S}^{(v)}-\boldsymbol{F}\boldsymbol{Q}^{(v)}\|_F^2+\eta\|\boldsymbol{F}\boldsymbol{U}-\boldsymbol{Y}\|_F^2 \tag{6-19}$$

根据 $\boldsymbol{U}\in\{0,1\}^{n\times l}$ 的对应矩阵，若 $\boldsymbol{F}$ 的第 i 列对应于 $\boldsymbol{Y}$ 的第 j 列，则 $U_{ij}=1$，并且 $U_{ik}=0$，其中 $k\neq j$。参数 $\eta>0$ 用于控制等式约束，应当足够大以确保等式约束被满足。假设 $\partial(J(\boldsymbol{F}))/\partial(\boldsymbol{F})=0$，则可以推导出以下更新规则来解决 $\boldsymbol{F}$。

$$\boldsymbol{F}=\Big(\sum_{v=1}^{V}\|\boldsymbol{W}^{(v)}\boldsymbol{H}_m^{(v)}\boldsymbol{P}^{(v)}\boldsymbol{S}^{(v)}\boldsymbol{Q}^{(v)^{\mathrm{T}}}+\eta\boldsymbol{Y}\boldsymbol{U}^{\mathrm{T}}\Big)\Big(\sum_{v=1}^{V}\boldsymbol{Q}^{(v)}\boldsymbol{Q}^{(v)^{\mathrm{T}}}+\eta\boldsymbol{U}\boldsymbol{U}^{\mathrm{T}}\Big)^{-1}\quad(6\text{-}20)$$

算法 6.1 求解目标函数，即式(6-7)的流程

输入：$\{\boldsymbol{X}^{(v)},\boldsymbol{P}^{(v)},\boldsymbol{Q}^{(v)}\}_{v=1}^{V},m,\lambda,\alpha,\beta_1,\beta_2$。

1：通过预训练初始化 $\boldsymbol{Z}_i^{(v)},\boldsymbol{H}_m^{(v)}$；

2：**while** 没有收敛 **do**

3：　**for** $v=1,\cdots,V$ **do**

4：　　根据 6.3.2 节更新 $\{\boldsymbol{Z}_i^{(v)}\}_{i=1}^{m}$；

5：　　用式(6-10)更新 $\boldsymbol{H}_m^{(v)}$；

6：　　用算法 6.2 更新 $\boldsymbol{S}^{(v)}$；

7：　　通过求解式(6-18)更新 $\boldsymbol{W}_p^{(v)}$；

8：　**end for**

9：　通过求解式(6-18)更新 $\boldsymbol{W}_s$；

9：　通过式(6-20)更新 $\boldsymbol{F}$；

10：**end**

算法 6.2 求解 $S^{(v)}$ 的 ADMM 优化过程

输入：$\boldsymbol{H}_m^{(v)},\boldsymbol{P}^{(v)},\boldsymbol{W}^{(v)},\boldsymbol{F},\boldsymbol{Q}^{(v)},\alpha,\lambda,\mu$。

1：初始化：$\forall j,\boldsymbol{B}_j=\boldsymbol{R}_j=0$；

2：**while** 没有收敛 **do**

3：　用式(6-15)更新 $\boldsymbol{S}_i^{(v)}$；

4：　根据 6.3.4 节更新 $\boldsymbol{B}_1,\boldsymbol{B}_2,\boldsymbol{B}_3,\boldsymbol{B}_4$；

5：　更新拉格朗日乘子；

6：　$\boldsymbol{R}_1\leftarrow\boldsymbol{R}_1-(\boldsymbol{B}_1-\boldsymbol{H}_m^{(v)}\boldsymbol{P}^{(v)}\boldsymbol{S}^{(v)})$；

7：　$\boldsymbol{R}_2\leftarrow\boldsymbol{R}_2-(\boldsymbol{B}_2-\boldsymbol{S}^{(v)})$；

8：　$\boldsymbol{R}_3\leftarrow\boldsymbol{R}_3-(\boldsymbol{B}_3-\boldsymbol{W}^{(v)}\boldsymbol{H}_m^{(v)}\boldsymbol{P}^{(v)}\boldsymbol{S}^{(v)})$；

9：　$\boldsymbol{R}_4\leftarrow\boldsymbol{R}_4-(\boldsymbol{B}_4-\boldsymbol{S}^{(v)})'$；

10：**end**

6.3.7 复杂度分析

接下来对本算法进行复杂度分析。本算法包括两个阶段：预训练和微调。预训练的计算复杂度为 $O(ndk+nk^2+kn^2)$，其中 n 为样本数量，d 是多模态数据的最大维度，k 是所有层中的最大维度。在微调阶段，所有变量都会被更新。微调的复杂度为 $O(ndk+nk^2+kn^2+n^3+ck^2+cn^2)$。因此所提出的算法是高效的，并且在复杂度上与矩阵分解和子空间聚类等方法相关。

6.4 实验分析

6.4.1 实验设置

1. 数据集

本次实验使用了4个常用的多模态数据集来评估所提出的方法。

① NUS[141]：该数据集是一个用于对象识别的网络图像数据集。本方法选择了31个类别，每个类别选择了100张图片作为代表，且提取了5种特征来表示这些图片。

② SUN[142]：该数据集包含了899个类别和130 519张图片，本方法随机选择了30个类别，每个类别有100张图片，且采用了5种不同的视觉特征作为不同的模态。

③ Caltech[128]：该数据集是一个包含101个类别图像的对象识别数据集，本方法选择了广泛使用的20个类别，并获得了1 230张图片，并从这些图片中提取了5种特征。

④ Flowers[143]：该数据集包括17种花卉类别，每个类别有80张图片。每张

图片用颜色、形状和纹理特征来描述，共涉及 3 个模态。

对于每个数据集，本次实验随机抽取了 70% 的数据用于训练，剩下的 30% 用于测试。为了创建不完整的多模态数据场景，从每个模态中随机移除了一定比例的样本，并确保每个样本至少出现在一个模态中。

2. 对比方法和参数设置

本实验将与 6 种先进的多模态学习方法进行比较，以展示所提出的方法的有效性：AMGL[144]、MLAN[145]、MLHR[146]、GLCC[147]、MVAR[148] 和 iMVWL[134]。前 5 种方法是传统的多模态半监督学习方法，针对完整的模态数据设计。为了公平比较，本次实验采用了矩阵填充方法[149]来填补缺失的信息，然后对这些方法进行分类。所有比较方法的参数均按照各自文献来源中的建议进行设置。本方法的参数是通过五折交叉验证确定的。λ 和 α 从 $\{10^{-3}, 10^{-2}, \cdots, 10^{2}\}$ 中选择，β_1 和 β_2 从 $\{0.005, 0.01, \cdots, 50\}$ 中选择，所有实验都重复进行了 10 次，并报告了平均性能。对于聚类结果的评价指标，本方法遵循文献[144]的做法，采用准确率作为性能评估指标，该指标计算了正确分类样本的比例。

6.4.2 实验结果

为了说明 DCPSL 的半监督分类性能，通过固定多模态数据的不完整率 $\varepsilon\% = 50\%$，在图 6.1 中呈现了所有方法在不同标记样本比例下的分类准确率。可以观察到，DCPSL 在每个数据集上的分类准确率均优于所有其他方法，在 4 个数据集中，性能提升程度分别约为 2.9%、3.3%、3.7% 和 3.4%。分类结果清楚地证实了学习到的深度相关预测子空间有助于提高对不完整多模态数据的类标签预测性能。传统的多模态方法（如 AMGL、MLAN、MLHR、GLCC、MVAR）由于无法很好地处理不完整的多模态数据，未能取得良好的性能。而由于 DCPSL 能够联合学习不完整多模态数据的适当子空间表示和具有判别性的标签预测器，因此其在不同比例的标记样本下均优于其他方法。

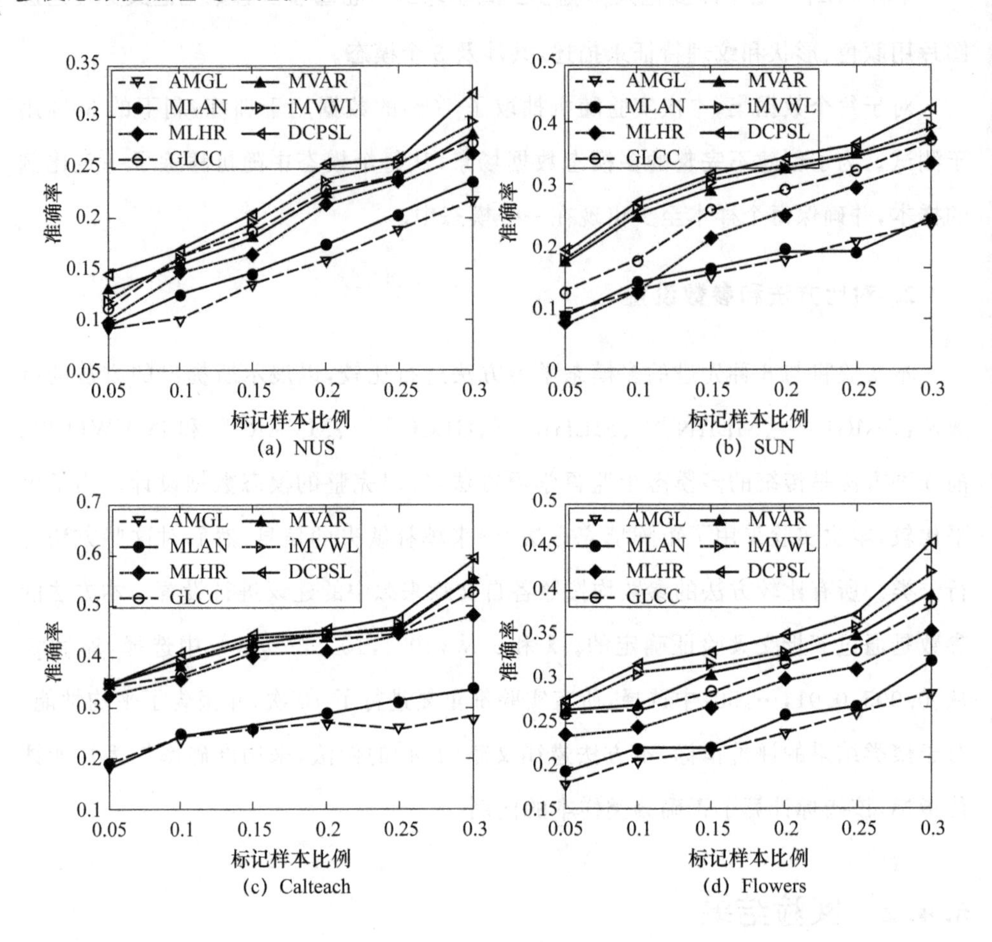

图 6.1　不同标记样本比例的半监督分类结果对比，多模态数据的不完整率 ε% = 50%

为了评估多模态数据不完整率 ε%对分类性能的影响，将进一步设置了分类实验。通过改变不完整率 ε%，其取值范围为{0, 10%, 30%, 50%, 70%}，同时将标记样本的比例固定为 30%，其分类结果展示在图 6.2 中。可以清楚地看到，DCPSL 在每个数据集上的表现都优于其他方法。由于缺失模态的影响，随着 ε%的增加，所有方法的性能都有所下降。相反，DCPSL 通过有效地利用不完整数据的数据相关性和多模态互补信息，实现了比其他方法更好的性能。

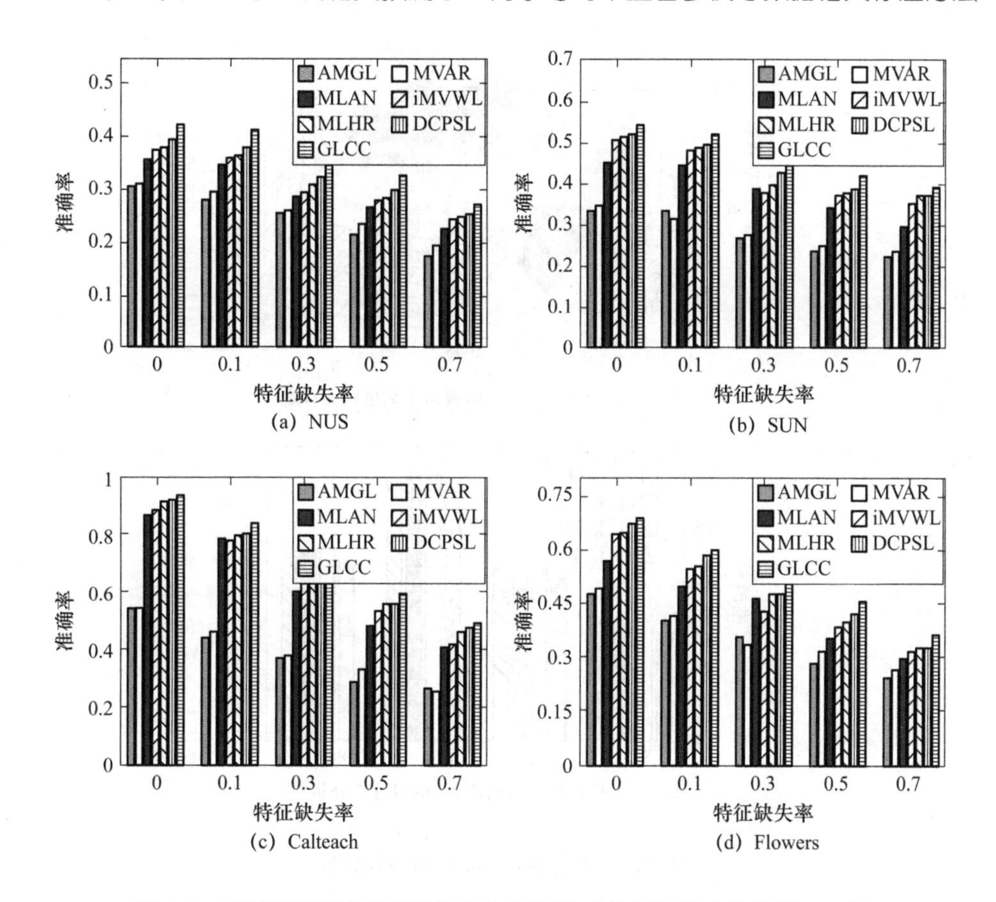

(a) NUS (b) SUN

(c) Calteach (d) Flowers

图 6.2 不同不完整率下的半监督分类结果，对比标记样本的比例＝30%

接下来对几个关键参数，即 β_1、β_2 和 m 进行敏感性分析。将 ε%设置为 50%，标记样本的比例设置为 30%。图 6.3(a)为在 NUS 数据集上 β_1 和 β_2 的敏感性分析结果。当 $\beta_1=\{0.05, \cdots, 5\}$ 和 $\beta_2=\{0.1, \cdots, 10\}$ 时，DCPSL 获得了较好的性能。图 6.3(b)显示了层数 m 的敏感性分析结果。对于大多数数据集来说，当 $m\in\{2, 3\}$时可以获得更好的分类结果。而浅层模型($m=1$)无法学习出具有区分性的子空间表示，因此其分类性能受到限制。

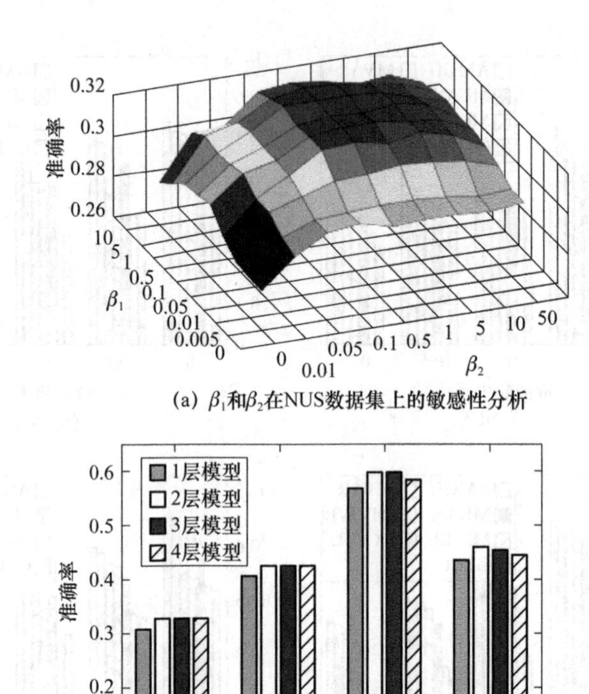

(a) β_1和β_2在NUS数据集上的敏感性分析

(b) 每个数据集上m的敏感性分析

图 6.3　关于 β_1,β_2 和 m 的参数分析

本章小结

本章主要提出了一种基于深度相关预测子空间学习的半监督多模态数据语义标注方法,该方法集成了半监督深度矩阵分解、相关子空间学习和多模态类标签预测,从而共同学习深度相关预测子空间和共享及私有标签预测器。本方法能够学习适合类标签预测的正确子空间表示,并保证了学习到的子空间表示的判别力。最后实验证实了该方法的有效性。本方法获得更优性能的主要原因包括其提取了高级多模态数据表示、深入挖掘了多模态数据的低秩子空间以及有效利用了多模态互补信息来提高类别标签预测性能。

第7章

基于深度受限低秩子空间学习的多模态半监督分类方法

7.1 本章导读

在许多现实世界的场景中,需要处理的数据性质各异。例如,在计算机视觉应用中,可以从一幅图像中收集到不同类型的特征,如HOG[150]和SIFT[151]。由于不同模态包含互补信息,因此可以通过整合多模态信息来提高许多任务的性能[152-155]。最近,多模态半监督学习受到了广泛关注,因为大规模数据标注信息对于许多应用来说都是不可或缺的[156-159]。一些多模态半监督分类方法基于图上的标签传播。AMMSS[21]通过为每个模态构建一个图,从有标签样本到无标签样本传播类别标签,并将多个类别标签矩阵进行整合。SMGI[160]利用稀疏融合权重学习不同图的最佳组合,并通过在融合图上进行标签传播获得类标签。为了处理数据中的噪声和离群条目,MLAN[161]方法迭代进行分类学习和相似性学习,直到获得最佳的融合图。Wang等[162]提出了一种多模态半监督矩阵分解方法,用于学习多模态数据的聚类结构。除了浅层模型,深度模型也被应用于多模态学习,并取得了更优的性能。深度CCA方法[125]的目标是找到不同模态共享的深度相关子空间。Noroozi等[163]提出了一种用于半监督分类的多模态判别神经网络。然而,这些方法只能处理两个模态的数据,应用范围有限。

虽然目前已经提出了一系列多模态半监督学习方法，但仍然有一些重要问题没有得到很好地解决。首先，与浅层方法相比，深度矩阵分解能更好地揭示数据的内在分布，提取更稳定的数据表示，因此需要进一步让深度学习模型与多模态半监督学习任务相结合。其次，由于类内一致性和类间多样性，多模态数据的相似性矩阵具有低秩性。利用多模态数据的低秩特性和标签信息，可以获得更准确的数据相似性，提高多模态分类性能。

本章提出了一种用于多模态半监督分类的深度受限低秩子空间学习(DCLSL)方法，将深度受限矩阵分解、低秩子空间学习和类标签学习集成到一个统一的目标函数中，共同学习数据相似性矩阵和类标签矩阵。本方法能够学习每个模态的判别子空间表示，并聚合多模态相似性矩阵，从而获得一致的分类结果。首先，通过深度矩阵分解将多模态数据嵌入潜在的子空间中。然后，将低秩相似性矩阵通过子空间聚类的方法提取每个模态的权重。最后，采用加权对称矩阵分解来实现更精确的分类，其中不同的模态被赋予了不同的权重。在多个多模态数据集上进行的实验证明了本方法的有效性。本方法的主要贡献总结如下。

① 提出了带约束的深度矩阵分解模型，可以将标签信息嵌入潜在的子空间中，以提升子空间表示的判别性。

② 通过利用深度受限矩阵分解模型和子空间聚类模型来学习数据的相似性矩阵，从而更好地表示多模态数据的固有类别结构。

③ 采用加权对称矩阵分解来聚合多模态相似性矩阵，可以更充分地利用不同数据模态之间的互补信息。

7.2 方　　法

7.2.1 预备知识

给定 V 个模态数据的 n 个样本，多模态数据记为 $\{\boldsymbol{X}^v \in \mathbb{R}^{d_v \times n}\}_{v=1}^{V}$，其中 $\boldsymbol{X}^v$ 为特征维数为 d_v 的第 v 个模态的数据矩阵。给定 l 个有标记的样本，本方法的目标是预测 $n-l$ 个未标记样本的类别。

非负矩阵分解(NMF)[164]将数据矩阵$\boldsymbol{X}\in\mathbb{R}^{d\times n}$分解为两个非负矩阵,即$\boldsymbol{X}\approx\boldsymbol{ZH}$。通过在学习到的矩阵上加入非负约束,NMF可以获得比其他数据表示学习方法更具可解释性和意义的数据表示[165]。为了更好地处理复杂的数据分布,本方法采用深度矩阵分解[14]将$\boldsymbol{X}$分解为m层进行稳定表示,即$\boldsymbol{X}\approx\boldsymbol{Z}_1\boldsymbol{Z}_2\cdots\boldsymbol{Z}_m\boldsymbol{H}_m^+$。其中$\boldsymbol{Z}_i\in\mathbb{R}^{k_{i-1}\times k_i}$,$\boldsymbol{H}_i\in\mathbb{R}^{k_i\times n}$分别为第$i$层的加载矩阵和系数矩阵,其中$k_i$是第$i$层的维数,$(\boldsymbol{H})^+=\max(0,\boldsymbol{H})$对应铰链操作。

7.2.2 问题提出

为了预测未标记的多模态样本的类别,需要考虑两个因素。第一,可以同时利用标签信息和数据相关性的低秩性以估计更准确的数据相似度。第二,应该考虑每个模态的重要性,因为不同的模态会产生不同的分类结果。为此,可以首先从多模态数据中学习低秩子空间,获得数据相似度,然后通过汇总不同模态的相似度矩阵进行半监督分类。

通过整合深度受限非负矩阵分解模型和子空间聚类模型,本章提出了以下目标函数来学习低秩子空间。

$$\sum_{v=1}^{V}\left(\|\boldsymbol{X}^v-\boldsymbol{Z}_1^v\cdots\boldsymbol{Z}_m^v\boldsymbol{H}_m^v\boldsymbol{A}\|_F^2+\|\boldsymbol{H}_m^v\boldsymbol{A}-\boldsymbol{H}_m^v\boldsymbol{A}\boldsymbol{W}^v\|_F^2+\lambda\|\boldsymbol{W}^v\|_*\right)$$
$$\text{s.t.}\ \boldsymbol{H}_m^v\geqslant 0,\boldsymbol{W}^v\geqslant 0 \tag{7-1}$$

其中,$\|\cdot\|_*$为核范数。引入标签约束矩阵$\boldsymbol{A}\in\mathbb{R}^{(n-l+c)\times n}$来指导$\boldsymbol{H}_m^v\in\mathbb{R}^{k_m\times(n-l+c)}$的学习,其中$c$为类数。例如,给定$n$个样本$\{x_1,x_2,\cdots,x_n\}$,$x_1$和$x_2$属于类1,$x_3$属于类2,其余样本未标记,则构造$\boldsymbol{A}$为

$$\boldsymbol{A}=\begin{pmatrix}1 & 1 & 0 & 0\\ 0 & 0 & 1 & 0\\ 0 & 0 & 0 & \boldsymbol{I}_{n-3}\end{pmatrix}$$

其中,$\boldsymbol{I}_{n-3}\in\mathbb{R}^{(n-3)\times(n-3)}$为单位矩阵。$\boldsymbol{H}_m^v\boldsymbol{A}$是一种新的数据表示,可以很好地保存标签信息。如果$x_i$和$x_j$具有相同的标签,则$(\boldsymbol{H}_m^v\boldsymbol{A})_{(:,i)}=(\boldsymbol{H}_m^v\boldsymbol{A})_{(:,j)}$。从潜在因子$\boldsymbol{H}_m^v\boldsymbol{A}$中学习低秩子空间$\boldsymbol{W}^v$,捕捉样本间的相关性,提供显式聚类结构,可视为第$v$个模态的相似性矩阵。

为了进一步预测多模态数据的类别，采用加权对称矩阵分解对相似性矩阵 $\boldsymbol{W}^v$ 进行聚合，得到样本的类标号，总的目标函数 J 定义如下：

$$J=\sum_{v=1}^{V}(\|\boldsymbol{X}^v-\boldsymbol{Z}_1^v\cdots\boldsymbol{Z}_m^v\boldsymbol{H}_m^v\boldsymbol{A}\|_F^2+\|\boldsymbol{H}_m^v\boldsymbol{A}-\boldsymbol{H}_m^v\boldsymbol{A}\boldsymbol{W}^v\|_F^2+\lambda\|\boldsymbol{W}^v\|_*)+$$

$$\eta\sum_{v=1}^{V}(\alpha^v)^r\|\boldsymbol{W}^v-\boldsymbol{G}^{\mathrm{T}}\boldsymbol{G}\|_F^2$$

$$\text{s.t. } \boldsymbol{H}_m^v\geqslant 0,\quad \boldsymbol{W}^v\geqslant 0,\quad \boldsymbol{G}\geqslant 0,\quad \sum_{v=1}^{V}\alpha^v=1,\quad \alpha^v>0 \tag{7-2}$$

其中，$\boldsymbol{G}\in\mathbb{R}^{c\times n}$ 为预测的类标记矩阵，具有清晰的聚类解释，可以直接得到类标记。样本 x_i 的类别可以由 $\arg\max\limits_j G_{ji}$ 确定。权系数 $\{\alpha_1,\alpha_2,\cdots,\alpha_V\}$ 用于衡量不同模态的重要性。λ 和 η 分别是平衡低秩子空间学习和类标签学习的参数。m 是层数。如果 $m>1$，则本方法可通过多个矩阵分解层学习更抽象的深度数据表示；如果 $m=1$，则本方法将退化为学习性能有限的传统矩阵分解模型。

7.2.3 优化方法

采用分块坐标下降算法求解目标函数，即式(7-2)。具体而言，对每一层深度半 NMF 模型进行预训练，得到初始的 $\boldsymbol{Z}_v^i$ 和 $\boldsymbol{H}_m^v$，然后迭代更新所有变量 $\boldsymbol{Z}_v^i$、$\boldsymbol{H}_m^v$、$\boldsymbol{W}^v$ 和 $\boldsymbol{G}$。算法 7.1 给出了式(7-2)的求解过程。更新规则的详细推导如下。

1. 在深度非负矩阵分解中对 $\boldsymbol{Z}_i^v$ 和 $\boldsymbol{H}_i^v$ 进行预训练

对于每个模态 v，第一层由 $\boldsymbol{X}^v\approx\boldsymbol{Z}_1^v\boldsymbol{H}_1^v$ 学习。然后 $\boldsymbol{H}_1^v$ 分解为 $\boldsymbol{H}_1^v\approx\boldsymbol{Z}_2^v\boldsymbol{H}_2^v$。这个过程一直持续到所有层都被预训练，即 $\boldsymbol{H}_2^v\approx\boldsymbol{Z}_3^v\boldsymbol{H}_3^v,\cdots,\boldsymbol{H}_{m-1}^v\approx\boldsymbol{Z}_m^v\boldsymbol{H}_m^v$。

2. $\boldsymbol{Z}_i^v$ 的更新

为了求解 $\boldsymbol{Z}_i^v$，令其偏导数 $\partial(J)/\partial(\boldsymbol{Z}_i^v)=0$。更新规则由 $\boldsymbol{Z}_i^v\leftarrow\boldsymbol{\Psi}^{v\dagger}\boldsymbol{X}^v\boldsymbol{\Omega}^\dagger$ 得到，其中 $\boldsymbol{\Psi}^v=\boldsymbol{Z}_1^v\cdots\boldsymbol{Z}_{i-1}^v$，$\boldsymbol{\Omega}=\boldsymbol{Z}_{i+1}^v\cdots\boldsymbol{Z}_m^v\boldsymbol{H}_m^v\boldsymbol{A}$。$(\cdot)^\dagger$ 为 Moore-Penrose 伪逆算子，$\boldsymbol{Q}^\dagger=(\boldsymbol{Q}^{\mathrm{T}}\boldsymbol{Q})^{-1}\boldsymbol{Q}^{\mathrm{T}}$。

3. $\boldsymbol{H}_i^v$ 的更新

通过使用非负矩阵分解方法[165]，可以得到以下更新规则。

$$(\boldsymbol{H}_m^v)_{ij} \leftarrow (\boldsymbol{H}_m^v)_{ij}\sqrt{\frac{(\Pi_1)_{ij}}{(\Pi_2)_{ij}}} \tag{7-3}$$

其中，

$$\Pi_1 = [(\boldsymbol{\Psi}^v)^{\mathrm{T}}\boldsymbol{X}^v\boldsymbol{A}^{\mathrm{T}}]^{\mathrm{pos}} + [2\boldsymbol{H}_m^v\boldsymbol{A}\boldsymbol{W}^v\boldsymbol{A}^{\mathrm{T}}]^{\mathrm{pos}} + [\boldsymbol{H}_m^v\boldsymbol{A}\boldsymbol{A}^{\mathrm{T}}]^{\mathrm{neg}} + [(\boldsymbol{\Psi}^v)^{\mathrm{T}}\boldsymbol{\Psi}^v\boldsymbol{H}_m^v\boldsymbol{A}\boldsymbol{A}^{\mathrm{T}}]^{\mathrm{neg}} + [\boldsymbol{H}_m^v\boldsymbol{A}\boldsymbol{W}^v(\boldsymbol{W}^v)^{\mathrm{T}}\boldsymbol{A}^{\mathrm{T}}]^{\mathrm{neg}}$$

$$\Pi_2 = [(\boldsymbol{\Psi}^v)^{\mathrm{T}}\boldsymbol{X}^v\boldsymbol{A}^{\mathrm{T}}]^{\mathrm{neg}} + [2\boldsymbol{H}_m^v\boldsymbol{A}\boldsymbol{W}^v\boldsymbol{A}^{\mathrm{T}}]^{\mathrm{neg}} + [\boldsymbol{H}_m^v\boldsymbol{A}\boldsymbol{A}^{\mathrm{T}}]^{\mathrm{pos}} + [(\boldsymbol{\Psi}^v)^{\mathrm{T}}\boldsymbol{\Psi}^v\boldsymbol{H}_m^v\boldsymbol{A}\boldsymbol{A}^{\mathrm{T}}]^{\mathrm{pos}} + [\boldsymbol{H}_m^v\boldsymbol{A}\boldsymbol{W}^v(\boldsymbol{W}^v)^{\mathrm{T}}\boldsymbol{A}^{\mathrm{T}}]^{\mathrm{pos}}$$

其中，$[\cdot]^{\mathrm{pos}}$ 和 $[\cdot]^{\mathrm{neg}}$ 分别表示将矩阵中所有的负元素或正元素替换为零的操作，即

$$[\boldsymbol{Q}]_{ij}^{\mathrm{pos}} = \frac{|Q_{ij}| + Q_{ij}}{2}, \quad [\boldsymbol{Q}]_{ij}^{\mathrm{neg}} = \frac{|Q_{ij}| - Q_{ij}}{2}$$

4. $\boldsymbol{W}^v$ 的更新

通过使用交替方向乘子法（ADMM）得到如下的增广拉格朗日函数。

$$\mathcal{L}(\boldsymbol{W}^v,\boldsymbol{B}_1,\boldsymbol{B}_2,\boldsymbol{B}_3,\boldsymbol{B}_4) = \|\boldsymbol{H}_m^v\boldsymbol{A} - \boldsymbol{B}_1\|_F^2 + \lambda\|\boldsymbol{B}_2\|_* + l_{R^+}(\boldsymbol{B}_4) + \eta(\alpha^v)^r\|\boldsymbol{B}_3 - \boldsymbol{G}^{\mathrm{T}}\boldsymbol{G}\|_F^2 + \frac{\mu}{2}\|\boldsymbol{B}_1 - \boldsymbol{H}_m^v\boldsymbol{A}\boldsymbol{W}^v - \boldsymbol{R}_1\|_F^2 + \frac{\mu}{2}\|\boldsymbol{B}_2 - \boldsymbol{W}^v - \boldsymbol{R}_2\|_F^2 + \frac{\mu}{2}\|\boldsymbol{B}_3 - \boldsymbol{W}^v - \boldsymbol{R}_3\|_F^2 + \frac{\mu}{2}\|\boldsymbol{B}_4 - \boldsymbol{W}^v - \boldsymbol{R}_4\|_F^2 \tag{7-4}$$

其中，$\boldsymbol{B}_i$ 是辅助变量，$\boldsymbol{R}_i$ 是拉格朗日乘子。$l_{R^+}(\cdot)$ 定义如下。

$$l_{R^+}(\boldsymbol{Q}) = \begin{cases} 0 & \boldsymbol{Q} \geqslant 0 \\ +\infty & \text{其他} \end{cases}$$

令偏导数 $\partial(\mathcal{L}(\boldsymbol{W}^v,\boldsymbol{B}_1,\boldsymbol{B}_2,\boldsymbol{B}_3,\boldsymbol{B}_4))/\partial(\boldsymbol{W}^v) = 0$ 来求解 $\boldsymbol{W}^v$。

$$\boldsymbol{W}^v \leftarrow (\boldsymbol{A}^{\mathrm{T}}\boldsymbol{H}^{\mathrm{T}}\boldsymbol{H}\boldsymbol{A} + 3\boldsymbol{I})^{-1}(\boldsymbol{A}^{\mathrm{T}}\boldsymbol{H}^{\mathrm{T}}\xi_1 + \xi_2 + \xi_3 + \xi_4) \tag{7-5}$$

其中，$\xi_i = \boldsymbol{B}_i - \boldsymbol{R}_i$，$\boldsymbol{I}$ 为单位矩阵。同样地，可以对 $\boldsymbol{B}_1$ 和 $\boldsymbol{B}_3$ 进行更新。

$$\boldsymbol{B}_1 \leftarrow \frac{1}{2+\mu}(2\boldsymbol{H}_m^v\boldsymbol{A} + \mu(\boldsymbol{H}_m^v\boldsymbol{A}\boldsymbol{W}^v + \boldsymbol{R}_1)) \tag{7-6}$$

$$\boldsymbol{B}_3 \leftarrow \frac{1}{2\eta(\alpha^v)^r + \mu}(2\eta(\alpha^v)^r\boldsymbol{G}^{\mathrm{T}}\boldsymbol{G} + \mu\boldsymbol{W}^v + \mu\boldsymbol{R}_3) \tag{7-7}$$

接下来使用奇异值阈值算子求解 $\boldsymbol{B}_2$。设 $\Theta_\tau(\boldsymbol{Q}) = \boldsymbol{U}\boldsymbol{\Lambda}_\tau\boldsymbol{V}^{\mathrm{T}}$，其中 $\boldsymbol{Q} = \boldsymbol{U}\boldsymbol{\Lambda}\boldsymbol{V}^{\mathrm{T}}$ 为奇异值分解，$\boldsymbol{\Lambda}_\tau(q) = \mathrm{sgn}(q)\max(|q| - \tau, 0)$ 为收缩算子。则 $\boldsymbol{B}_2$ 的更新规则为 $\boldsymbol{B}_2 \leftarrow \Theta_{\lambda/\mu}(\boldsymbol{W}^v + \boldsymbol{R}_2)$。

考虑非负约束，$\boldsymbol{B}_4$ 可由 $\boldsymbol{B}_4 \leftarrow \max(\boldsymbol{W}^v + \boldsymbol{R}_4, 0)$ 求解，并更新拉格朗日乘子 $\boldsymbol{R}_1$、$\boldsymbol{R}_2$、$\boldsymbol{R}_3$、$\boldsymbol{R}_4$。求解 $\boldsymbol{W}_v$ 的过程如算法 7.2 所示。

5. α^v 的更新

对于 $r > 1$ 的情况，利用拉格朗日乘子法，我们可以得到如下的更新规则：

$$\alpha^v = \frac{(\Delta^v)^{\frac{1}{1-r}}}{\sum_{v=1}^{V} (\Delta^v)^{\frac{1}{1-r}}} \tag{7-8}$$

其中，$\Delta^v = \|\boldsymbol{W}^v - \boldsymbol{G}^{\mathrm{T}}\boldsymbol{G}\|_F^2$。

对于 $r=1$ 的情况，可以得到如下的更新规则：

$$\alpha^v = \begin{cases} 1 & v = \arg\min_i \Delta^i \\ 0 & \text{其他} \end{cases} \tag{7-9}$$

6. $\boldsymbol{G}$ 的更新

根据对称 NMF 优化方法[157]，我们得到如下更新规则：

$$G_{ij} \leftarrow G_{ij} \sqrt[3]{\frac{\left(\sum_{v=1}^{V} (\alpha^v)^r \boldsymbol{G}\boldsymbol{W}^v\right)_{ij}}{\left(\sum_{v=1}^{V} (\alpha^v)^r \boldsymbol{G}\boldsymbol{G}^{\mathrm{T}}\boldsymbol{G}\right)_{ij}}} \tag{7-10}$$

算法 7.1　所提出方法 DCLSL 的学习过程

输入： $\{\boldsymbol{X}^v\}_{v=1}^{V}, \boldsymbol{A}, m, \lambda, \eta, r$。

1：初始化：$\boldsymbol{Z}_i^v$、$\boldsymbol{H}_m^v$ 使用预训练进行初始化，$\boldsymbol{G}$ 使用随机非负矩阵进行初始化，$\alpha^v = 1/V$；

2：**while** 迭代未收敛 **do**

3：　　**for** $v = 1, \cdots, V$ **do**；

4：　　　　更新 $\{\boldsymbol{Z}_i^v\}_{i=1}^{m}$；

5：　　　　使用式(7-3)更新 $\boldsymbol{H}_m^v$；

6：　　　　使用式(7-1)更新 $\boldsymbol{W}^v$；

7：　　　　使用式(7-8)和式(7-9)更新 α^v；

8：　　**end for**

9：　　使用式(7-10)更新 $\boldsymbol{G}$；

10：**end**

输出： 低维表示 $\boldsymbol{F}$。

算法 7.2 $\boldsymbol{W}^v$ 求解算法

输入： $\boldsymbol{H}_m^v, \boldsymbol{A}, \boldsymbol{W}^v, \boldsymbol{G}, \lambda, \eta$。

1：初始化：$\forall j, \boldsymbol{B}_j = \boldsymbol{R}_j = 0$；

2：**while** 迭代未收敛 **do**

3：　　使用式(7-5)更新 $\boldsymbol{W}^v$；

4：　　更新 $\boldsymbol{B}_1, \boldsymbol{B}_2, \boldsymbol{B}_3, \boldsymbol{B}_4$；

5：　　更新拉格朗日乘子：

6：　　$\boldsymbol{R}_1 \leftarrow \boldsymbol{R}_1 - (\boldsymbol{B}_1 - \boldsymbol{H}_m^v \boldsymbol{A} \boldsymbol{W}^v)$；

7：　　$\boldsymbol{R}_2 \leftarrow \boldsymbol{R}_2 - (\boldsymbol{B}_2 - \boldsymbol{W}^v)$；

8：　　$\boldsymbol{R}_3 \leftarrow \boldsymbol{R}_3 - (\boldsymbol{B}_3 - \boldsymbol{W}^v)$；

9：　　$\boldsymbol{R}_4 \leftarrow \boldsymbol{R}_4 - (\boldsymbol{B}_4 - \boldsymbol{W}^v)$；

10：**end**

7.3 实验分析

7.3.1 实验设置

1. 数据集

本次实验采用 3 个常用的多模态数据集来评估所提出的方法。

① SUN[142]：其包含 899 个分类和 130 519 张图片。本方法随机选择其中的 30 个类，每个类有 100 张图片，并采用 HOG、SIFT、texton 直方图、color、GIST[166] 和 LBP[167] 6 个视觉特征作为不同的模态。

② AWA[168]：其是一个由 50 个类组成的图像数据集。本方法随机选择其中的 10 个类，每个类有 500 张图片，并由 5 个特征作为不同的模态，即金字塔 HOG、SIFT、颜色直方图、colorSIFT[169]、局部自相似性。

③ CAL[128]:其是一个包含 101 类图像的对象识别数据集。本方法选择其中 20 个类,得到 1 230 张图片,并从图像中提取 5 个特征,即 LBP、GIST、CENTRIST[170]、SIFT 和 HOG。

2. 对比方法和参数设置

本实验将与以下 7 种对比方法来证明所提出方法的有效性:CNMF[138]、MMSSL[21]、SMGI[160]、MVLR[171]、AMGL[8]、MLAN[161]、DMVC[8]。CNMF(i)是对第 i 个模态进行半监督分类的单模态方法。DMVC 是一种深度多模态聚类方法。为了使 DMVC 能够用于半监督任务,使用由类标签构造的相似图来代替原文献中使用的相似图。对于每个数据集,本次实验随机抽取 70%的数据用于训练,剩余 30%的数据用于测试。DCLSL 的参数通过对训练集的五折交叉验证确定。λ 和 η 从$\{10^{-3},10^{-2},\cdots,10^{2}\}$中选择,$m$ 从$\{1, 2, 3, 4\}$中选择,r 从$\{1, 1.5, 2, 5, 10, 20, 50\}$中选择。通过实验,可以发现所有参数的合适取值范围为 $\lambda\in\{10^{-1},100\}$,$\eta\in\{10^{-2},10^{-1},100\}$,$m\in\{2,3\}$,$r\in\{1.5,2,5\}$。所有实验重复 10 次,并报告平均性能。使用分类准确度来评估正确分类样本的比例。

7.3.2 实验结果

1. 性能比较

表 7.1 给出了不同标记样本 τ 百分比下所有方法的分类准确度。CNMF 是一种单模态半监督学习方法,如果不考虑多模态互补信息,则表现不佳。MMSSL、SMGI、AMGL 和 MLAN 是基于图上标签传播的多模态半监督分类方法。由于构造图的质量容易受到多模态数据参数和噪声的影响,这些方法的性能也受到了限制。MVLR 和 DMVC 是两种基于子空间学习的方法。通过使用深度矩阵分解,DMVC 可以学习更抽象和高级的表示,并取得比浅模型 MVLR 更好的性能。

表 7.1 多个数据集上的分类准确度比较(均值±方差)

数据集	SUN/%				AWA/%				CAL/%			
τ	0.1	0.2	0.3	0.4	0.1	0.2	0.3	0.4	0.1	0.2	0.3	0.4
CNMF(1)	19.76±2.11	23.16±2.32	26.90±1.90	30.03±2.57	17.74±1.82	21.32±2.15	29.48±2.24	31.23±2.09	59.11±1.68	63.17±3.79	65.21±2.25	71.56±2.03
CNMF(2)	18.83±3.66	19.66±2.43	24.33±2.61	26.23±2.87	19.20±3.47	22.06±2.38	31.14±2.73	32.58±2.25	60.89±2.79	64.35±2.83	67.31±1.92	74.36±2.45
CNMF(3)	19.86±2.28	25.76±2.02	26.93±2.93	31.96±1.76	19.31±3.83	23.12±2.39	31.28±2.25	34.65±1.95	54.47±3.41	59.34±2.31	64.39±1.69	68.21±1.80
CNMF(4)	19.13±3.57	24.26±1.25	24.73±2.68	29.10±2.34	18.89±2.76	21.18±1.81	26.71±1.75	33.48±2.07	53.60±2.82	60.81±.2.27	63.51±2.14	65.54±2.51
CNMF(5)	20.20±2.64	27.33±1.81	33.66±2.12	38.83±2.06	19.82±1.41	23.44±1.78	32.04±2.46	36.24±2.81	53.95±3.21	59.55±2.16	61.97±2.39	63.48±2.25
CNMF(6)	20.76±1.52	23.96±2.69	28.10±2.33	35.46±.275	—	—	—	—	—	—	—	—
MMSSL	22.67±2.27	30.40±0.85	36.87±1.69	44.82±2.31	21.38±1.67	28.58±1.49	37.88±2.25	43.02±2.87	64.93±1.73	69.55±1.83	73.46±2.65	77.93±2.34
SMGI	22.23±2.32	29.03±3.35	34.40±2.63	42.07±2.46	24.37±2.73	29.16±2.70	36.34±2.54	40.81±2.06	63.08±2.35	69.21±2.58	72.46±3.49	76.58±2.89
MVLR	24.54±3.42	34.89±2.80	43.92±2.91	50.74±3.59	23.69±2.61	32.51±2.37	40.93±2.85	49.31±3.09	69.83±3.49	73.15±2.95	75.86±3.23	80.79±2.75
AMGL	23.61±2.55	32.66±1.37	38.23±2.06	47.73±2.81	22.66±2.49	31.71±2.30	38.92±1.56	43.55±1.22	66.26±2.97	69.26±2.71	73.02±1.73	78.75±1.64
MLAN	23.96±1.59	34.33±0.72	43.77±1.39	48.46±2.26	23.40±1.85	32.36±2.67	40.55±2.34	49.62±1.67	70.54±2.75	75.12±2.31	77.41±1.56	82.32±1.50
DMVC	24.69±2.01	35.70±3.43	44.53±2.92	52.76±3.15	24.38±2.75	33.12±3.80	41.06±2.68	49.79±3.22	72.43±2.89	77.94±2.90	79.52±2.43	83.15±2.18
DCLSL	**26.83±2.60**	**38.63±2.58**	**48.70±2.90**	**56.20±3.32**	**26.56±2.27**	**35.50±2.95**	**45.14±2.14**	**53.66±3.08**	**75.20±2.29**	**81.54±2.82**	**83.49±2.25**	**86.32±2.42**

在每个数据集上不同百分比的标记样本下，所提出的 DCLSL 方法优于上述所有方法。在 SUN、AWA 和 CAL 数据集上最大的性能提升分别约为 4.17%、4.08%和 3.97%。出现以上结果可能有 2 个原因：①通过执行深度约束矩阵分解和低秩子空间学习，DCLSL 能够提取每个模态的判别和高级表示；②通过 DCLSL 的加权对称矩阵分解，可以适当地融合不同模态的相似性矩阵，从而获得更准确的分类结果。DCLSL 的分类结果在 SUN、AWA 和 CAL 数据集上的混淆矩阵如图 7.1 所示。

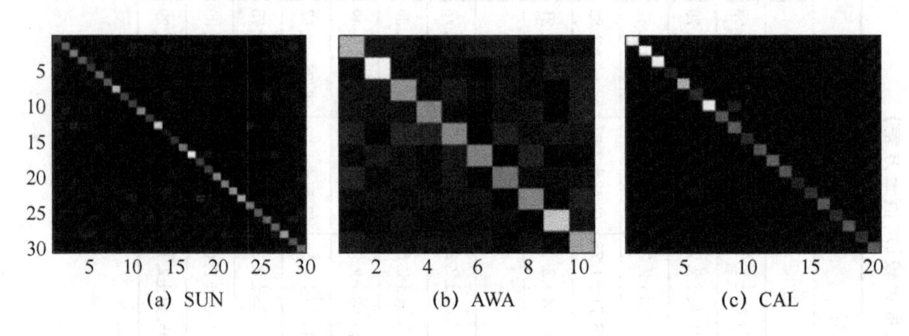

图 7.1　DCLSL 在 SUN、AWA、CAL 数据集上的混淆矩阵(τ=0.4)

2. 参数敏感性分析

使用两个关键参数 m 和 r 进行敏感性分析。标记样本的百分比 τ 设为 0.3。设置 4 个不同的模型(m=1, 2, 3, 4)分别为{(50)，(100-50)，(150-100-50)，(200-150-100-50)}，其中(100-50)表示一个两层模型，两层的维度分别为 100 和 50。如图 7.2 (a)所示，当 m=2 或 3 时，大多数数据集的分类结果都优于浅模型(m=1)，这是由于深度模型具有更好的判别子空间表示。对于 CAL 数据集，m=4 时会导致性能轻微地下降。这是因为 CAL 数据集的训练数据量比其他数据集要少，无法很好地训练深度模型的参数。r 对各数据集的敏感性分析如图 7.2(b)所示。r=1 时将导致融合权值完全稀疏，r>5 时将导致融合权值过光滑。在这两种情况下，很难适当地融合不同的观点。综上所述，当 $r\in[1.5,5]$时，DCLSL 可以获得竞争性能。

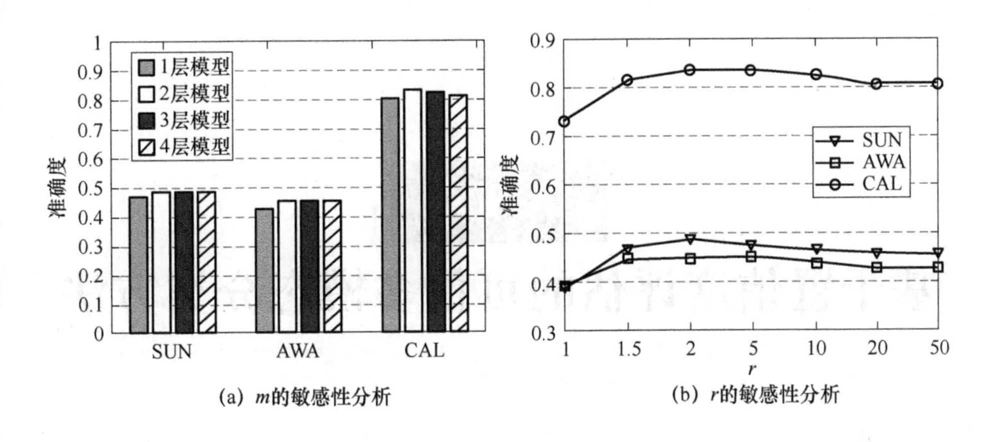

图 7.2 m 和 r 的参数敏感性分析

本章小结

本章提出了一种深度受限低秩子空间学习方法用于多模态半监督分类。该方法可以有效地学习判别子空间表示和聚合多模态的相似度。与目前先进的多模态半监督学习方法相比，本方法可以更好地利用有限的标记信息，在多个多模态数据集上获得更优的分类结果。

第8章 基于置信度评估的可信多模态分类方法

8.1 本章导读

互联网每天都会涌现大量的数据，对这些数据进行分类筛选可以节省大量的人力和物力，且对于某些物体的描述，多模态往往比单模态更加准确。因此，设计一个面向多模态数据的分类方法十分必要。在模型对样本类别进行判断时，现有方法往往不知道分类结果的可靠性。如果分类方法能够估计样本分类结果的置信度，就能让人们更好地了解当前分类结果的可靠性，从而更灵活地应对实际问题。

本章提出一种基于置信度评估的可信多模态分类方法(CALM)，所提方法的结构如图8.1所示。本方法包括多模态增强编码、多模态置信度感知融合和多模态分类正则化，共同评估预测结果的置信度并产生可信的分类结果。通过引入增强的多模态编码以获取可靠而具有判别性的多模态数据的潜在表示。为了有效融合多模态分类信息并实现可信的分类，提出了一种多模态置信度感知融合策略，设计了一个置信度感知评估器来评估分类结果的可靠性。然后，提出了置信度感知融合方法，以利用不同模态的置信度分数来获得最终的分类结果。本方法将增强的多模态编码、多模态置信度感知融合和多模态分类正则化整合到一个统一的框架中，使得其能够同时利用早期融合策略和后期融合策略，学习可靠的特征表示并产生可信的分类结果。从而使得本方法能够实现更优且鲁棒的分类性能。在6个数据集上进行的实验证明，本方法的分类性能和鲁棒性均优于其他对比方法，且展示了所提出方法的有效性。本方法的主要贡献可以总结如下。

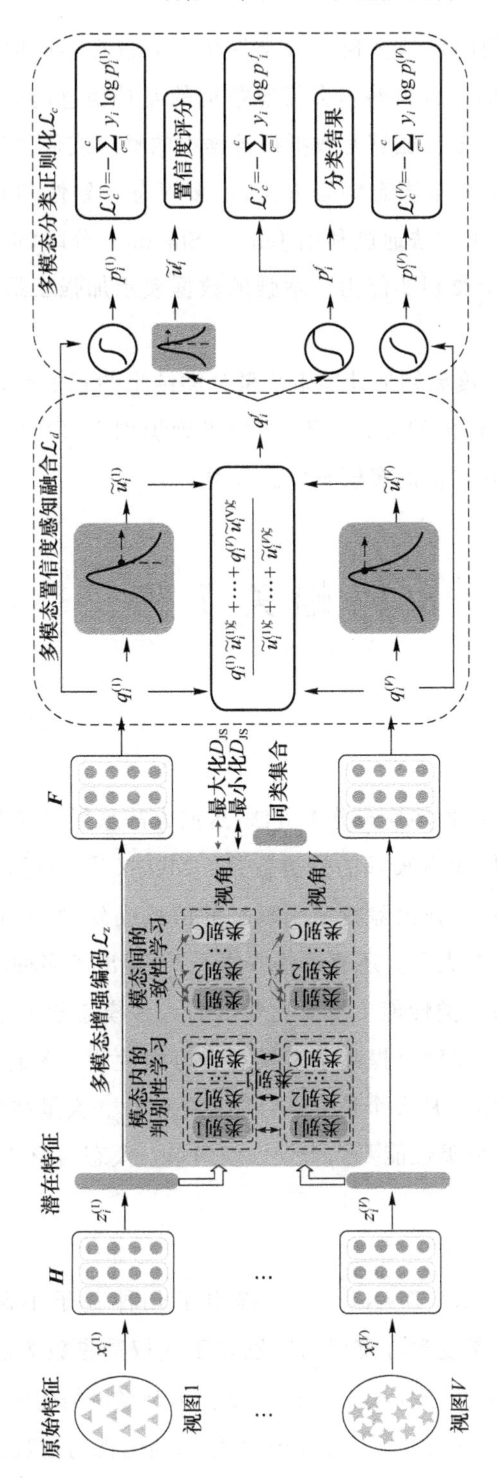

图 8.1 基于置信度评估的可信多模态分类方法结构

① 提出了一种新颖的可信多模态分类框架。通过在不同阶段融合多模态信息(前期融合策略和后期融合策略),多模态数据的互补信息能够有效应用于增强分类结果的可靠性,使本方法能够有效抵御数据中的噪声或低质量模态的干扰。

② 引入了一种增强的多模态编码方法,将多模态一致性和判别编码相结合,生成数据的有效表示。本方法通过利用 Jensen-Shannon 分歧,促进了不同模态的互补性,提高了区分各个类别的能力。增强的数据表示加强了最终分类结果的可靠性和有效性。

③ 设计了一个置信度感知估计器来衡量分类结果的置信度,所提方法通过使用多元高斯分布对分类输出的分布建模,能够准确识别不可靠的预测结果并提供精确的置信度估计,实现可信的多模态数据分类。

8.2 相关工作

1. 多模态分类

研究人员提出了一系列多模态分类方法,这些方法采用多模态数据作为输入,融合多模态信息,往往能取得较好的分类效果。MvDN[172]包括两个子网络:一个是特定于模态的子网络,旨在消除特定于模态的信息成分;另一个是通用子网络,旨在获得所有模态的共享表示。还有一些方法[173-175]提出了多种多模态融合方法,利用多模态信息来提高分类性能。将对比学习引入多模态学习中[176-177]可以从多模态中提取信息,在一定程度上提高了多模态学习的性能。还有一种分类方案是采用卷积神经网络(CNN),从多个角度组合多模态信息。大量结果表明,将多模态信息进行融合所取得的分类性能要优于仅仅使用单一模态信息的性能。

2. 置信度学习

利用贝叶斯神经网络(BNN)[182-183],提出了几种基于不确定性的学习方法[178-181]。BNN 与传统深度学习模型的区别在于其权重参数为随机变量,而非确定性值。它的先验信息被用来描述关键参数,并作为神经网络的输入。EDL[184]通过在类概率上放置 Dirichlet 分布[185-186],将神经网络的预测视为主观意见,并通过确定性神经网络学习从数据中收集导致这些意见的证据的函数。上述方法主要基于不确定性的策略，并且仅限于单模态数据处理。对于多模态数据的分析，DUA-Net[187]假设不同的观测值来自不同的高斯分布。它通过优化似然来学习潜在的表征，从而产生可靠的分类结果。TMC[60]去除了多模态分类模型中的 softmax 层，将分类结果作为 Dirichlet 分布的样本来处理。采用 DS 融合理论对多模态模型衍生的主观逻辑进行融合，使分类性能得到了提升。MD[188]使用稀疏门控方法评估模态中每个特征的可变性，然后使用基于动态信息量估计的透明融合方法。然而，虽然 MD 侧重于评估每个模态的信息量，但它无法评估与最终多模态分类结果相关的置信度。

8.3 方法设计

传统的多模态分类方法通常只能对给定的多模态数据进行分类，很少有方法能够估计分类结果的置信度。针对该问题，本章提出了一个置信度评估模块，可以在给定多模态数据时，既预测多模态数据的分类结果，又估计分类结果的置信度评分。假设数据的特征在每个维度上都服从高斯分布，则可以从特征分布的角度对样本的置信度评估。即对同一类别的数据在特征级别上做多元高斯估计，需要估计出每一类别数据的多元高斯分布的均值和协方差矩阵。在对样本做可信估计时，样本在特征空间上靠近多元高斯分布的均值时置信度应该为最高。反之，当样本越加远离多元高斯分布时，该样本可能是噪声或者离群点，应该给该样本较低的置信度。在训练过程中估计出多元高斯分布的均值和协方差矩阵后，将样本的特征投影到多元高斯分布的概率密度空间中，并在计算对应的概率值后即可作为置信度评估的值。在多模态融合阶段，可以将对每个模态样本的置信度值作为多模态融合的权重。与此同时，可以对这个融合后的特征再进行一次置信度评估，得到最后的置信度评估结果。

8.3.1 多模态增强编码及一致性和判别性学习

多模态数据可以表示为 $\boldsymbol{X}_i=\{x_i^{(1)},\cdots,x_i^{(v)}\}$，其中 $x_i^{(v)}$ 表示第 i 个样本第 v 个模态的数据。$\boldsymbol{z}^{(v)}=E^{(v)}(\cdot)$表示第 v 个模态的特征提取网络，它可以提取数据的特征表示。假设每一个类别 Δ 的特征服从多元高斯分布 $\boldsymbol{z}^{(v)\Delta}\sim N(\bar{\boldsymbol{z}}^{\Delta},(\boldsymbol{\sigma}^{\Delta})^2)$，其

中 $\bar{z}^{\Delta}$ 为多元高斯分布的均值，$\boldsymbol{\sigma}^{\Delta}$ 为多元高斯分布方差矩阵。

1. 跨模态的一致性学习

从不同的角度对同一类样本的潜在编码可能会有所不同。为了保证跨模态一致性和充分利用多模态数据的互补信息，该部分目标是使同一类的潜在编码在不同模态上的分布接近。采用 Jensen-Shannon(JS)散度来表示两个分布之间的距离，并将跨模态一致性学习损失函数定义为

$$\mathcal{L}_{cv}=\frac{1}{CV^2}\sum_{\Delta=1}^{C}\sum_{i=1}^{V-1}\sum_{j=i+1}^{V}D_{\mathrm{JS}}(\tilde{\boldsymbol{z}}^{(v_i)\Delta}\,\|\,\tilde{\boldsymbol{z}}^{(v_j)\Delta}) \tag{8-1}$$

其中，C 为类别个数，V 为模态个数，D_{JS}表示两个高斯分布的 JS 散度，$\tilde{\boldsymbol{z}}^{(v_i)\Delta}$表示第 v_i 个模态第 Δ 类别的样本集合。可以根据均值和分布的标准差计算 JS 散度。接下来简要介绍其计算方法。假定分布 $\tilde{\boldsymbol{z}}^{(v)\Delta}$各个维度相互独立，给定两个多元高斯分布 p 和 q，u_p 和 u_q 是两个多元高斯分布均值，σ_p 和 σ_q 是两个多元高斯分布标准差。Kullback-Leibler(KL)散度定义为

$$D_{\mathrm{KL}}(p\,||\,q)=\frac{1}{d}\sum_{i=1}^{d}\left(\log\frac{\sigma_{q_i}}{\sigma_{p_i}}+\frac{\sigma_{p_i}^2+(u_{p_i}+u_{q_i})^2}{2\sigma_{q_i}^2}-\frac{1}{2}\right) \tag{8-2}$$

其中，d 是多元高斯分布的维度，σ_{p_i} 和 σ_{q_i} 分别表示 σ_p 和 σ_q 的标准差的第 i 个维度。u_{p_i} 和 u_{q_i} 分别表示 u_p 和 u_q 的标准差的第 i 个维度。根据 KL 散度的性质，可以计算出两个多元高斯分布的 JS 散度为

$$D_{\mathrm{JS}}(p\,||\,q)=\frac{1}{2}D_{\mathrm{KL}}\left(p\,||\,\frac{p+q}{2}\right)+\frac{1}{2}D_{\mathrm{KL}}\left(q\,||\,\frac{p+q}{2}\right) \tag{8-3}$$

2. 模态内的判别性学习

为了进一步增强样本在特征空间的表示能力，设计了模态内的判别性学习。具体地说，计算同一模态内不同类别的两个分布的 JS 散度，训练过程中增大 JS 散度，从而增加不同类别的样本在特征空间的鉴别性。模态内判别性学习的损失函数可以定义为

$$\mathcal{L}_{iv}=-\frac{1}{C^2V}\sum_{v=1}^{V}\sum_{\Delta=1}^{C-1}\sum_{\nabla=\Delta+1}^{C}D_{\mathrm{JS}}(\tilde{\boldsymbol{z}}^{(v)\Delta}\,\|\,\tilde{\boldsymbol{z}}^{(v)\nabla}) \tag{8-4}$$

其中，$\tilde{\boldsymbol{z}}^{(v)\Delta}$和 $\tilde{\boldsymbol{z}}^{(v)\nabla}$ 分别表示同一模态内不同类别的两个分布。

3. 多模态编码的损失函数

通过整合以上两个损失函数，多模态编码的损失函数定义为

$$\mathcal{L}_z = \mathcal{L}_{cv} + \mathcal{L}_{iv} \tag{8-5}$$

该模块的主要作用是让特征空间中同一类别的样本更加靠近,不同类别的样本相互远离。这在一定程度上增加了模型的判别能力,进一步促进后续置信度评估模块的预测效果。

8.3.2 多模态置信度感知融合

在多模态数据的特征空间进行多元高斯分布建模,对每一个样本进行基于多元高斯分布的置信度评估。

1. 单一模态内的置信度评估

在得到多模态的特征 z 后,针对每个模态设计一个相应的分类器 $F^{(v)}(\cdot)$,则分类器的预测值为 $q_i^{(v)\Delta}=F^{(v)}(z_i^{(v)\Delta})$。假定对于每一个类别的预测值 $q_i^{(v)\Delta}$ 通常服从多元高斯分布,即 $q_i^{(v)\Delta}\sim N(\overline{\boldsymbol{q}}^{(v)\Delta},\boldsymbol{\Sigma}^{(v)\Delta})$,其中 $\overline{\boldsymbol{q}}^{(v)\Delta}$ 和 $\boldsymbol{\Sigma}^{(v)\Delta}$ 分别是多元高斯分布的均值和协方差矩阵。通过 $u_i^{(v)\Delta}=U(q_i^{(v)\Delta}|\overline{\boldsymbol{q}}^{(v)\Delta},\boldsymbol{\Sigma}^{(v)\Delta})$ 计算置信度,其中,$U(h|\mu,\boldsymbol{\Sigma})$ 定义为

$$U(h|\mu,\boldsymbol{\Sigma})=\frac{1}{\sqrt{(2\pi)^D|\boldsymbol{\Sigma}|}}\mathrm{e}^{-\frac{1}{2}(h-\mu)^{\mathrm{T}}\boldsymbol{\Sigma}^{-1}(h-\mu)} \tag{8-6}$$

其中,在得到某一模态的预测值 $q_i^{(v)\Delta}$ 后,令 $u_i=U(q_i^{(v)\Delta}|\overline{\boldsymbol{q}}^{(v)\Delta},\boldsymbol{\Sigma}^{(v)\Delta})$ 为概率密度估计的值。当多元高斯分布的均值输入概率密度估计的空间时,置信度评分应该是最大,此时置信度应为1,所以令 $\tilde{u}_i=U(q_i^{(v)\Delta}|\overline{\boldsymbol{q}}^{(v)\Delta},\boldsymbol{\Sigma}^{(v)\Delta})/\tau$ 为最终的置信度评分,其中 $\tau=U(\overline{\boldsymbol{q}}^{(v)\Delta}|\overline{\boldsymbol{q}}^{(v)\Delta},\boldsymbol{\Sigma}^{(v)\Delta})$。

给定预测结果,使用极大似然估计的方式学习全局的均值 $\overline{q}^{(v)\Delta}$ 和协方差矩阵 $\boldsymbol{\Sigma}^{(v)\Delta}$。负 log 似然函数作为损失函数,定义如下:

$$\begin{aligned}\mathcal{L}_{d_i}^{(v)\Delta} &= -\log U(q_i^{(v)\Delta} \mid \overline{\boldsymbol{q}}^{(v)\Delta},\boldsymbol{\Sigma}^{(v)\Delta}) \\ &= \frac{1}{2}(q_i^{(v)\Delta}-\overline{\boldsymbol{q}}^{(v)\Delta})^{\mathrm{T}}(\boldsymbol{\Sigma}^{(v)\Delta})^{-1}(q_i^{(v)\Delta}-\overline{\boldsymbol{q}}^{(v)\Delta})+\frac{1}{2}\ln|\boldsymbol{\Sigma}^{(v)\Delta}|\end{aligned} \tag{8-7}$$

综上,单一模态内的置信度评估损失函数定义为

$$\mathcal{L}_d^m = \frac{1}{nCV}\sum_{i=1}^{n}\sum_{v=1}^{V}\sum_{\Delta=1}^{C} r_i\,\mathcal{L}_{d_i}^{(v)\Delta} \tag{8-8}$$

2. 基于置信度的多模态融合

在得到对应的置信度评分后，使用以下公式进行多模态融合：

$$q_i^{f\Delta}=\sum_{v=1}^{V}\frac{(\widetilde{u}_i^{(v)\Delta})^{\zeta}}{\sum_{v=1}^{V}(\widetilde{u}_i^{(j)\Delta})^{\zeta}}q_i^{(v)\Delta} \tag{8-9}$$

在得到对应的置信度评分后，使用式(8-9)计算出融合后的特征，然后使用分类器获得分类结果。与此同时，对 $q_i^{f\Delta}$ 进行多元高斯建模，对 $q_i^{f\Delta}$ 建模后仍然使用置信度评估模块评估出最终的置信度评分结果 $\widetilde{u}_i^f$。同理，对 $q_i^{f\Delta}$ 建立的极大似然损失函数为

$$\mathcal{L}_{d_i}^{f\Delta}=\frac{1}{2}(q_i^{f\Delta}-\bar{\boldsymbol{q}}^{f\Delta})^{\mathrm{T}}\ (\boldsymbol{\Sigma}^{f\Delta})^{-1}(q_i^{f\Delta}-\bar{\boldsymbol{q}}^{f\Delta})+\frac{1}{2}\ln|\boldsymbol{\Sigma}^{f\Delta}| \tag{8-10}$$

其中，$\bar{\boldsymbol{q}}^{f\Delta}$和 $\boldsymbol{\Sigma}^{f\Delta}$分别表示对于融合后的第 Δ 类别的逻辑值 $q_i^{f\Delta}$ 进行多元高斯分布建模后的均值和协方差矩阵。

对融合后的分类结果建立的损失为

$$\mathcal{L}_d^f=\frac{1}{nC}\sum_{i=1}^{n}\sum_{\Delta=1}^{C}r_i\,\mathcal{L}_{d_i}^{f\Delta} \tag{8-11}$$

置信度感知融合的总损失函数定义为

$$\mathcal{L}_d=\mathcal{L}_d^m+\mathcal{L}_d^f \tag{8-12}$$

8.3.3 多模态分类正则化

对每个模态都使用交叉熵函数建立分类损失，定义如下：

$$\mathcal{L}_c^m=-\frac{1}{nV}\sum_{i=1}^{n}\sum_{v=1}^{V}\sum_{c=1}^{C}y_{i_c}\log(p_{i_c}^{(v)}) \tag{8-13}$$

其中，y_i 表示第 i 个样本的真实标签，y_{i_c} 表示 y_i 的第 c 个维度，$p_i^{(v)}$ 表示 $q_i^{(v)}$ 经过 softmax 层后的值，$p_{i_c}^{(v)}$ 表示 $p_i^{(v)}$ 的第 c 个维度。对融合后的分类结果建立的分类损失如下：

$$\mathcal{L}_c^f=-\frac{1}{n}\sum_{i=1}^{n}\sum_{c=1}^{C}y_{i_c}\log(p_{i_c}^f) \tag{8-14}$$

总的多模态分类损失定义如下：

$$\mathcal{L}_c=\mathcal{L}_c^m+\mathcal{L}_c^f \tag{8-15}$$

8.3.4　总的损失函数

综上所述,通过整合以上各部分损失函数,整个模型的总损失函数如下:

$$\mathcal{L}=\mathcal{L}_d+\lambda\cdot\mathcal{L}_z+\eta\cdot\mathcal{L}_c \tag{8-16}$$

相对于以往的多模态分类方法,本方法可以进一步输出置信度,并且在分类空间中考虑样本的分布,使得方法对于置信度的评估更加合理可靠。

8.4　实验分析

8.4.1　数据集

为了更好地评估基于置信度评估的可信多模态分类方法的有效性,在此次实验中,采用了 8 个相关的多模态数据集。数据集的详细情况如样本个数、类别数以及模态个数如表 8.1 所示。

表 8.1　数据集详细情况

数据集	样本个数	类别数	模态个数
Handwritten	2 000	10	3
Cub	600	10	2
HMDB	7 000	51	2
Scene15	4 485	15	3
LandUse-21	2 100	21	3
Voc	5 649	20	2
微博	3 000	8	2
Twitter	4 000	10	2

8.4.2　模型设计与训练

在构建训练集和测试集时,对所有数据集都采用 6∶4的比例进行拆分。所有方法都在相同的训练集和测试集上进行训练和测试。多模态编码器 $H^{(v)}(\cdot)$采用两层的全连接神经网络(FCN),接着是 ReLU 和批归一化(BatchNorm)层。相反,多模态分类器 $F^{(v)}(\cdot)$使用 FCN 根据来自多个模态的编码信息进行预测。在实验中,使用 Adam 优化器,学习率为 1×10^{-3},权重衰减为 5×10^{-4}。将 ζ 设定为 0.5,用于置信度融合。

8.4.3 实验结果

1. 对比方法

① MCDO[59]:在训练和推断阶段都使用了丢弃抽样来进行可信学习。

② EDL[185]:采用了推断的主观逻辑作为 Dirichlet 分布的参数,生成了可信的分类结果。

③ TMC[60]:将 EDL 应用于多模态学习。使用 DS 融合理论来输出多模态融合的结果。

④ DUA-Net[187]:通过最大化似然性来获取样本的表示和不确定性。

⑤ ETMC[189]:采用 Dirichlet 分布来提供更可靠的预测,同时采用主观逻辑来评估不同模态的不确定性。

⑥ MD[188]:动态评估不同样本的特征级和模态级信息的相关性。

采用 ACC 和 AUROC(接收者操作特征曲线下面积)来评估每种方法的分类性能。表 8.2 展示了我们的方法与其他 6 种方法的实验对比结果。

2. 性能比较

将所提出的方法 CALM 与其他 6 种方法在多个分类任务上进行了比较,具体结果如表 8.2 所示。其中,MCDO 和 EDL 是单模态可信学习方法,对它们在单模态数据上获得的最佳结果进行了测试。从表 8.2 可以看出,CALM 在所有数据集上的性能明显优于其他方法。具体来说,相比各数据集上的最优 ACC 结果而言,CALM 在 Handwritten、Cub、HMDB、Scene15、LandUse-21、VOC 和微博数据集上的 ACC 分别提高了约 0.21%、1.52%、0.25%、0.39%、0.12%、3.12%和 2.30%。这表明 CALM 实现了更优的多模态分类性能。

表 8.2 数据集上的分类性能(平均值±标准差)

数据集	评价准则	MCDO	EDL	TMC	DUA-Net	ETMC	MD	CALM
Handwritten	ACC	97.29±0.16	95.75±0.18	95.79±0.60	97.25±0.37	97.29±0.16	96.05±0.59	**97.50±0.20**
	ACROC	99.85±0.02	99.38±0.09	99.65±0.01	99.48±0.16	99.78±0.01	99.83±0.02	**99.95±0.12**
Cub	ACC	87.64±0.52	87.36±0.70	87.92±2.46	79.44±1.99	90.14±1.87	90.56±0.16	**92.08±0.24**
	AUROC	98.97±0.03	98.66±0.19	99.35±0.12	95.51±0.66	99.20±0.10	99.23±0.13	**99.44±0.21**
HMDB	ACC	46.44±0.18	41.39±2.70	65.71±0.73	54.57±0.72	66.63±1.09	62.31±0.72	**66.88±0.12**
	AUROC	90.77±0.06	83.41±1.22	95.88±0.13	89.74±0.23	96.10±0.13	92.11±0.18	**96.58±0.32**
Scene15	ACC	52.51±0.45	66.72±0.27	60.94±0.53	53.05±0.22	63.34±0.78	66.63±1.38	**67.11±0.21**
	AUROC	91.50±0.50	93.89±0.73	95.32±0.12	84.61±0.25	95.54±0.08	96.11±0.11	**96.46±0.14**
LandUse-21	ACC	33.77±0.39	47.89±5.11	43.73±0.73	53.45±1.01	46.43±1.56	46.90±1.54	**53.57±0.14**
	AUROC	90.66±0.42	88.48±0.80	87.43±0.96	83.99±0.09	89.50±0.87	91.79±0.81	**92.46±0.80**
VOC	ACC	75.44±0.20	79.80±0.51	60.24±0.66	69.72±0.37	62.05±0.49	79.06±1.02	**82.92±0.13**
	AUROC	93.35±0.34	93.74±0.24	94.35±0.09	91.73±0.79	94.30±0.21	94.64±0.44	**97.19±0.23**
微博	ACC	85.26±0.26	90.42±0.93	91.74±0.93	92.65±0.32	94.75±0.25	96.33±0.64	**98.63±0.53**
	ACROC	97.33±0.32	98.48±0.75	98.53±0.34	98.94±0.04	98.45±0.36	98.35±0.36	**99.24±0.92**
Twitter	ACC	90.45±0.23	90.33±0.94	91.42±0.22	91.52±0.24	92.01±1.01	94.24±0.03	**95.36±0.42**
	ACROC	91.42±0.53	92.52±0.14	92.42±0.91	93.25±0.99	93.04±0.31	94.25±0.41	**96.03±0.35**

3. 噪声模态抗扰度比较

为了验证 CALM 对噪声模态或损坏的鲁棒性，在一半的模态中加入不同标准差(σ)的高斯噪声，计算不同的 σ 值下的分类精度，结果如图 8.2 所示。对于单模态分类方法，将噪声添加到一半的模态中，并将多模态特征连接为单模态特征。从图 8.2 可以看出，与其他方法相比，CALM 在各种噪声水平下都表现出更优的分类性能，而其他对比方法容易受到噪声的影响，导致 ACC 迅速下降。CALM 中的多模态置信度感知融合模块能够计算每个模态的置信度得分，这使得 CALM 即使存在大量噪声或低质量的模态也能保持良好的分类性能。

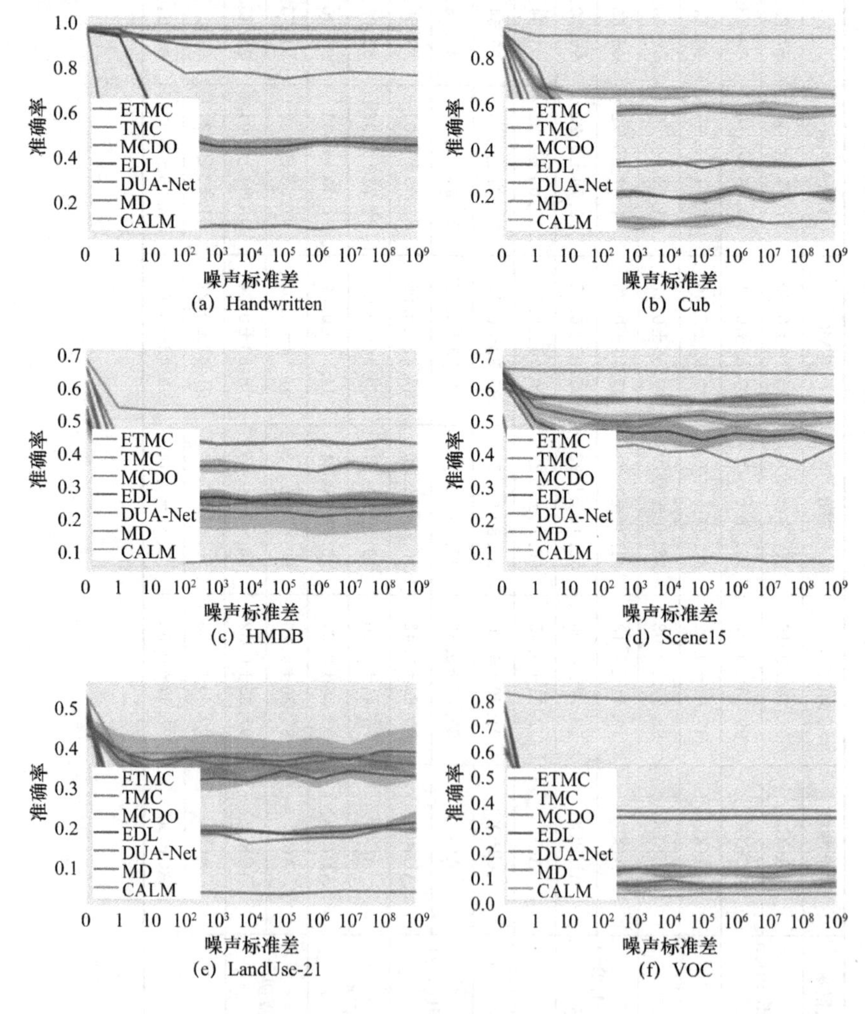

图 8.2　CALM 方法对噪声的鲁棒性实验

4. 置信度估计分析

为了评估 CALM 的噪声识别能力，在一半的模态中加入不同标准差的高斯噪声，并跟踪每个模态的置信度评分随噪声增加的变化。结果如图 8.3 所示，从中可以观察到，随着噪声增加，噪声模态的置信度分数有效降低，即 CALM 对噪声模态具有鲁棒性，可以产生更可靠的分类结果。

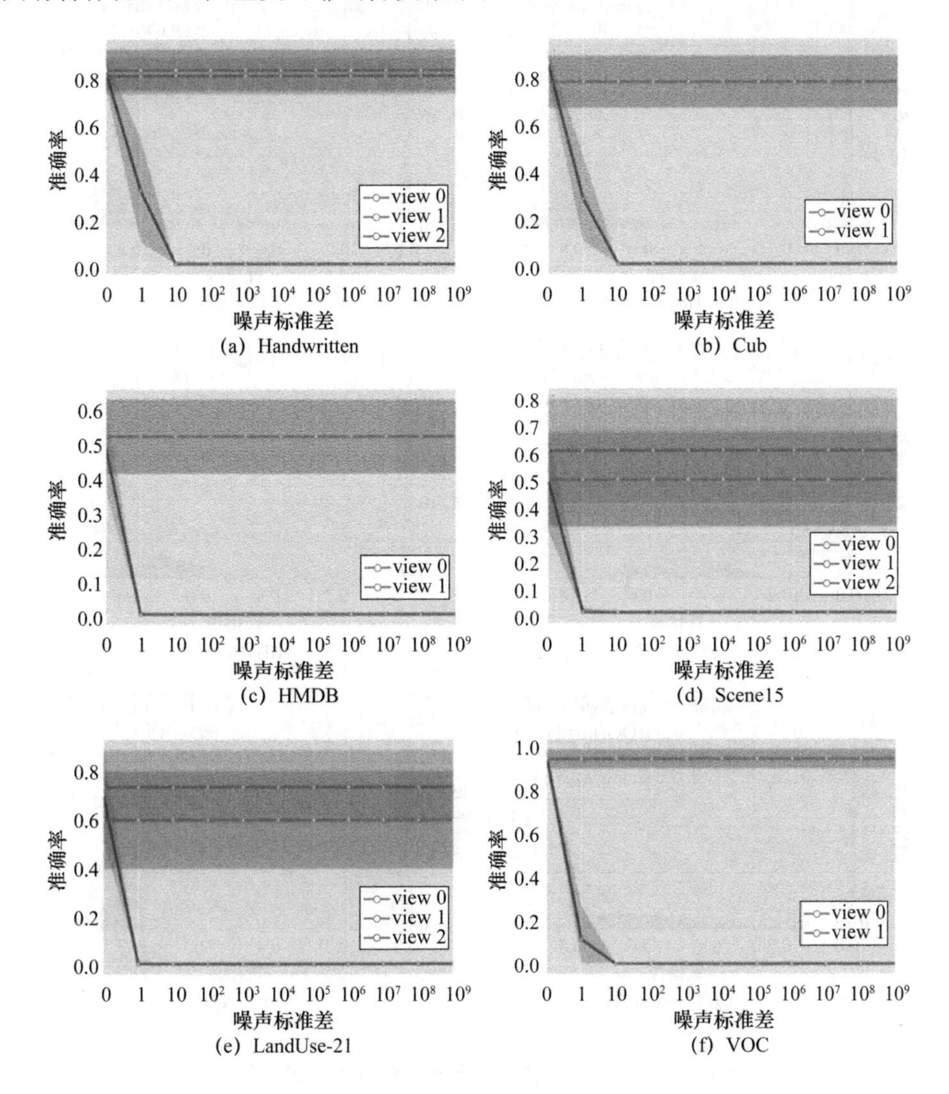

图 8.3 CALM 的噪声识别实验

为了进一步验证 CALM 在噪声识别方面的有效性，图 8.4 中展示了基于置信度得分的分布内和分布外(OOD)样本的分布。原始多模态数据的一半作为分布内数据,其余数据加入不同标准差的高斯噪声(σ)构成 OOD 数据。可以看出,分布内数据通常可以比 OOD 数据获得更高的置信度得分。因此,CALM 可以根据样本的噪声条件有效地评估置信度分数,使 CALM 对噪声和低质量的模态具有鲁棒性。

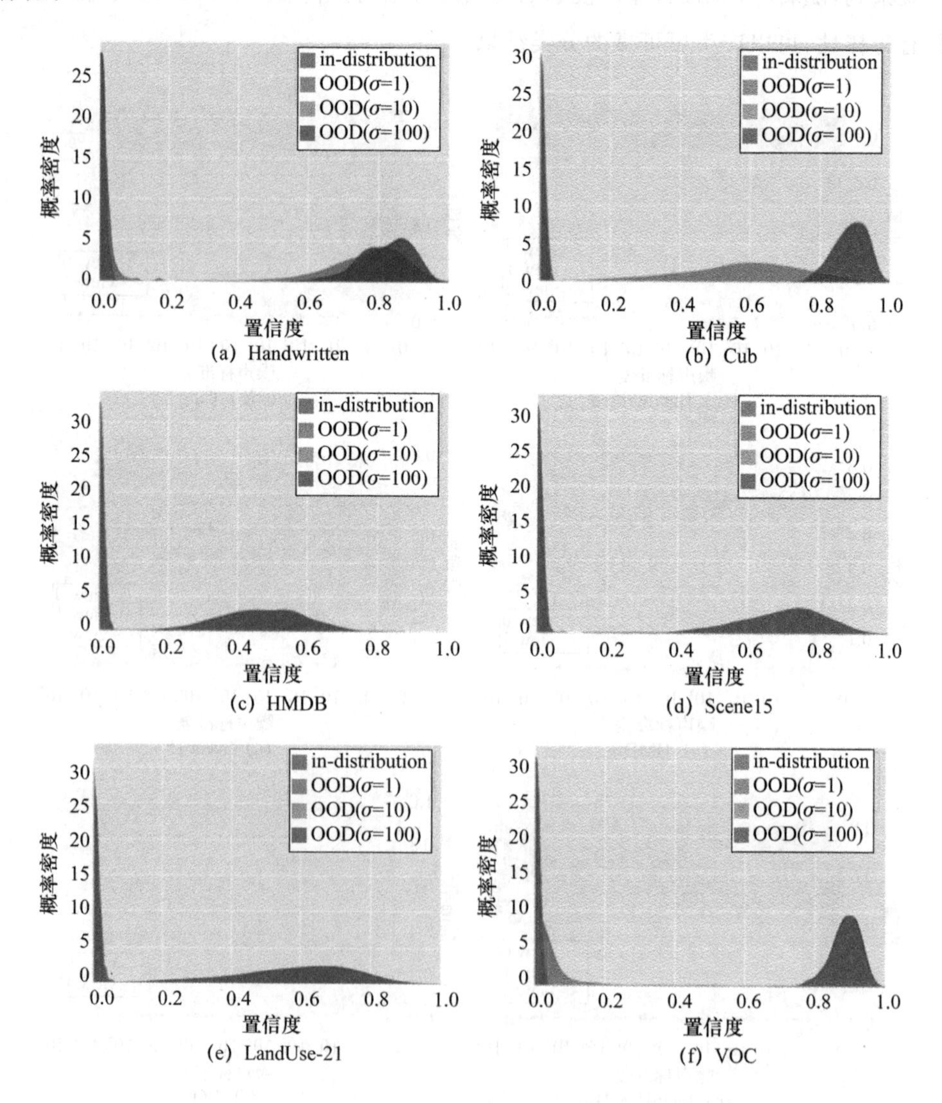

图 8.4　基于置信度得分的分布内和分布外样本分布

为了验证跨模态一致性学习$\mathcal{L}_{cv}$、模态内判别学习$\mathcal{L}_{iv}$和置信度感知融合$\mathcal{L}_{d}$的有效性,本实验引入了 3 种对比方法。对于每一种对比方法,通过移除 CALM 中的一个模块来验证其有效性。当不使用置信度感知融合$\mathcal{L}_d$ 时,多模态融合的权重相等。通过评估每个模块在不同噪声水平下的性能来验证每个模块的鲁棒性。实验结果如表 8.3 所示,在不同噪声水平下,CALM 的性能优于其他退化方法,这证明了 CALM 在处理噪声方面的有效性。通过跨模态一致性学习和模态内判别学习,CALM 可以利用多模态的互补性来学习有效表征。通过置信度感知融合,CALM 能够识别噪声,从而实现可靠的多模态融合,提高分类性能。

表 8.3 不同噪声水平下不同方法性能

数据集	方法			标准差(σ)						
	$\mathcal{L}_d$	$\mathcal{L}_{cv}$	$\mathcal{L}_{iv}$	0	1	10	10^2	10^3	10^4	10^5
Cub	—	√	√	89.58	39.17	14.08	13.67	12.92	11.17	11.58
	√	—	√	90.25	86.32	83.21	83.21	83.21	83.21	83.21
	√	√	—	90.83	88.45	85.24	83.33	83.33	83.33	83.33
	√	√	√	92.08	88.58	88.58	88.58	88.58	88.58	88.58
Scene15	—	√	√	65.74	18.12	18.86	18.42	17.69	16.69	16.66
	√	—	√	65.88	60.42	60.42	60.42	60.42	60.42	60.42
	√	√	—	66.01	60.54	60.48	60.48	60.48	60.48	60.48
	√	√	√	67.11	67.05	67.01	67.01	67.01	67.01	67.01
VOC	—	√	√	76.39	15.22	13.47	11.43	11.55	11.2	11.94
	√	—	√	77.79	76.33	76.33	76.33	76.33	76.33	76.33
	√	√	—	79.2	78.12	78.12	78.12	78.12	78.12	78.12
	√	√	√	82.92	81.83	81.83	81.83	81.83	81.83	81.83

5. 参数分析

对 4 个数据集:Handwritten、Cub、Scene15 和 LandUse-21 进行了参数敏感性分析。结果如图 8.5 所示,其中重点关注式(8-16)中的两个关键参数,即 λ 和 η。在$[10^{-3},10^{2}]$范围内改变这些参数的值,并分析由此产生的性能。实验结果表明,CALM 对这两个参数相对不敏感,其性能在较大范围内保持稳定。因此,在所有的实验中,都采用固定的参数 $\lambda=\eta=1$。

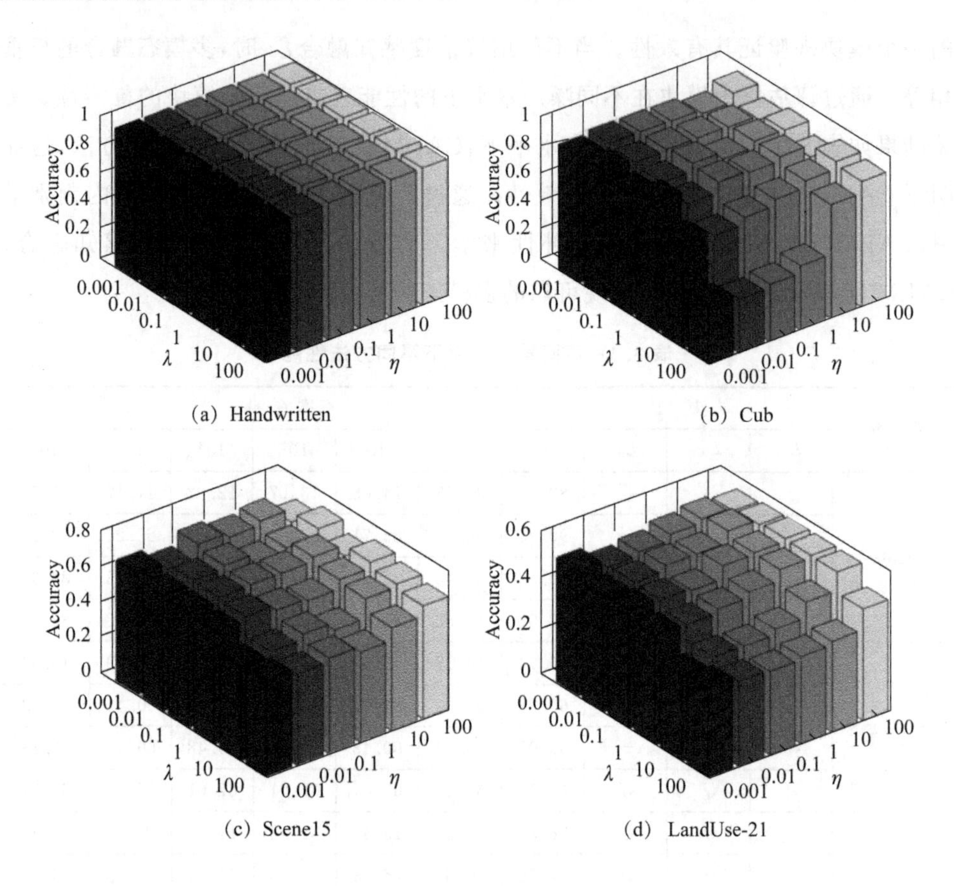

(a) Handwritten　(b) Cub

(c) Scene15　(d) LandUse-21

图 8.5　λ 和 η 的参数敏感性分析

本章小结

本章介绍了基于置信度评估的可信多模态分类方法。首先，通过采用多模态特征提取网络，对多模态数据集进行特征提取，获得了每个数据的多模态特征表示。其次，利用基于多元高斯分布的置信度评估模块，对每个样本的置信度进行评估，从而为每个样本分配置信度评分。在融合多模态特征时，采用对应的置信度评分作为各个模态的融合权重，以降低低质量模态数据对融合结果的影响。最后，为了进一步提高置信度评估的准确性，本章对特征空间进行约束，以提升高质量模态在融合中的权重。在实验中，首先采用了多个数据集对已有方法进行了对比分析。实验结果显示，本方法在不同数据集上均优于其他方法。其次针对不同级别的噪声进行了置信度评估实验。实验结果表明，本方法利用多元高斯分布对数据分布进行建模，能够准确地识别数据的质量，并预测相应的置信度值。最后通过消融实验和参数实验，进一步验证了本方法的有效性和稳健性，为多模态数据的可信分类提供了一种有效的解决方案，为相关领域的研究和实践提供了有力支持。

第9章
结 束 语

本书对多模态融合与挖掘技术进行了全面且深入的研究和探索。多模态学习作为机器学习、人工智能领域的重要发展方向，已经广泛地应用于多种实际场景中。多模态数据的分析和挖掘十分重要，这不仅可以帮助人们在海量的多模态数据中挖掘丰富的信息，还可以帮助人们更好地理解和处理真实环境中的复杂问题。

本书深入探讨了多模态数据融合和挖掘的重要性，尤其是在处理具有不同物理属性和表现形式的数据方面。本书讨论了如何通过数据融合技术和算法，揭示隐藏在多模态数据中的深层次模式和联系，从而提供比单一模态数据更全面和准确的见解和预测。本书还重点关注了多模态数据挖掘和表示的复杂性，以及如何通过创新的方法来有效地解决所面临的挑战。此外，本书深入探讨了多模态学习在不同领域的具体应用。本书通过详细介绍和研究多模态数据聚类、标注和可信多模态分类等任务，不仅提出了相应的学习模型和优化方法，还展示了这些方法在实际应用中的效果，主要内容总结如下。

① 提出了一种基于聚类引导自适应结构增强网络的多模态聚类方法，它能够重建缺失的多模态特征，从这些重建的完整多模态数据中学习数据结构。本方法通过利用全局结构和局部结构来挖掘多模态数据的复杂关系和内在分布，有效地将这些结构信息编码到网络的潜在表示中，从而提高聚类性能。此外，为了获得更可靠的聚类结果，引入了为不同模态分配不同的权重的多核聚类技术。在网络训练过程中，多核聚类和结构学习相互促进，进一步增强了所学习的结构的准确性和有效性。

② 提出了一种基于鲁棒多样化图对比学习的多模态聚类方法，该方法通过在

多模态统一和特定编码网络中引入自适应融合层来有效地表示不完整的多模态数据,从而准确地评估不同模态的重要性,减少不可靠和不完整模态的影响。此外,还提出了鲁棒多样化图对比正则化方法,能够捕获多模态数据的丰富的相关性,并减少模态缺失问题引起的信息损失,从而产生更具判别性的表示。同时,引入了聚类引导的图对比正则化,结合多模态表示学习和数据聚类,使两者相互促进,进而获得更优的聚类性能。

③ 提出了基于深度神经网络的鲁棒多模态聚类方法,通过结合一维多模态数据的卷积操作来促进每个模态中细粒度信息的提取,从而获得更有效的数据表示。该方法引入了一个基于自注意力增强的细粒度特征模块,用于捕获和融合不同细粒度特征之间的关系,以建立更准确的数据表示。在多个数据集上进行的大量实验验证了所提出的基于自注意力增强的细粒度信息融合方法在多模态聚类中的有效性。

④ 提出了一种基于深度相关预测子空间学习的半监督多模态数据语义标注方法,用于提取更抽象和高层的多模态数据表示。该模型通过将标签信息编码到表示中,显著地提升了子空间表示的区分能力。此外,从该模型中学习低秩子空间,有效提取数据的相关性,并利用这种相关性来增强所学习的子空间表示。为了进一步提高性能,将标签预测器分为共享的部分和私有的部分,这有效地利用了多模态数据的互补信息,从而提高了类别标签预测的准确性。

⑤ 提出了一种基于深度受限低秩子空间学习的多模态半监督分类方法,该方法将标签信息嵌入潜在子空间中,以实现更具判别力的子空间表示。此外,将这种受约束的深度矩阵分解模型与子空间聚类模型整合,从而学习数据的相似性,更好地表示多模态数据的底层类别结构。为了充分利用不同数据模态之间的互补信息,该方法引入了加权对称矩阵分解方法来聚合多模态相似性矩阵,从而优化了数据表示的效果。

⑥ 提出了一种基于置信度评估的可信多模态分类方法,该方法通过在不同阶段融合多模态信息(前期融合策略和后期融合策略),有效地利用多模态的互补信息来增强分类结果的可靠性,使框架特别能对抗多模态数据的噪声或缺失。还提出了一种增强的多模态编码方法,利用多模态数据的一致性和互补性,生成有效的数据表示。通过利用 Jensen-Shannon 散度,进一步提升了不同模态间的互补性,增强了区分不同类别的能力,从而增强了分类结果的可靠性和有效性。此外,设计

了一个置信度评估器来衡量分类结果的置信度,并使用多变量高斯分布对分类输出建模,以准确识别不可靠的预测结果并产生准确的置信度估计,确保多模态分类的可信度。

综上所述,多模态学习不仅是机器学习和人工智能相关学科的重要研究领域,更是未来技术创新的重要驱动力。随着技术的发展和应用需求的增加,多模态学习将继续受到来自各个领域研究者的关注。此外,还可以在以下 3 个方向进行深入的研究和思考。

① 隐私与安全在多模态学习中是一个非常重要的话题。多模态学习通常涉及处理和分析各种类型的数据,如文本、图像、视频和音频。这些数据往往包含丰富的个人信息,因此保护用户的隐私变得尤为重要。例如在医疗健康领域,多模态学习可能涉及患者的医疗记录、图像(如 X 光片)以及生理信号(如心电图)等。这些信息非常敏感,若未经适当保护,可能会导致隐私泄露。因此,需要在保证多模态学习性能的同时,做好敏感数据的隐私保护工作。联邦学习是隐私保护条件下分布式机器学习的一个重要发展方向,未来可以将多模态学习与联邦学习结合,进一步提高现有多模态学习方法的隐私保护性和安全性。

② 在多模态学习中,多模态模型的可解释性与透明度是关键因素,尤其是当这些技术被应用于对个人或社会有重大影响的领域时。多模态学习方法产生的推理结果应具有一定的可解释性,若推理过程缺乏透明度,则可能会导致用户产生一定的困惑,从而难以评判模型预测结果的合理性。随着可信人工智能技术的不断进步和发展,如何提高多模态学习方法的可解释性和可信性,也是未来研究的一个重要方向。

③ 随着大模型技术的快速发展,多模态学习与大模型的结合将成为人工智能研究的热点。借助大模型强大的泛化和推理能力,可以更好地整合和分析来自不同模态的数据,更深入地进行数据内容理解和知识发现,进一步提高人机交互的效率和准确率。此外,大模型在多模态学习场景的应用将有利于解决许多实际问题,如智慧医疗和智能交通等,更好地改善人们的生活和工作。

最后,感谢所有读者的关注和支持。希望本书不仅能够给读者提供理论上的见解,更能激发读者在多模态学习领域的创新思维和实践探索能力。随着多模态学习技术的不断进步,期待它能为人们的生活和工作带来更多的便利和革新。

参考文献

[1] Lahat D, Adali T, Jutten C. Multimodal data fusion: an overview of methods, challenges, and prospects[C]//Proceedings of the IEEE. 2015, 103(9):1449-1477.

[2] Bogdoll D, Yang Y T, Zöllner J M. MUVO: A multimodal generative world model for autonomous driving with geometric representations[J/OL]. (2023-11-23)[2023-12-20]. https:// arxiv. org/abs/2311. 11762.

[3] Long B, Yu P S, Zhang Z M. A general model for multiple view unsupervised learning[C]//SIAM International Conference on Data Mining. 2008:822-833.

[4] Chaudhuri K, Kakade S M, Livescu K, et al. Multi-view clustering via canonical correlation analysis[C]//Proceedings of the 26th annual international conference on machine learning. ACM, 2009:129-136.

[5] Huang H C, Chuang Y Y, Chen C S. Affinity aggregation for spectral clustering[C]//2012 IEEE Conference on Computer Vision and Pattern Recognition (CVPR). IEEE, 2012:773-780.

[6] Sharma A, Kumar A, Daume H, et al. Generalized multiview analysis: a discriminative latent space[C]//2012 IEEE Conference on Computer Vision and Patten Recognition. IEEE, 2012:2160-2167.

[7] Cai X, Nie F P, Cai W, et al. Heterogeneous image features integration via multi-modal semi-supervised learning model[C]//2013 IEEE International Conference on Computer Vision (ICCV). IEEE, 2013:1737-1744.

[8] Zhao H, Ding Z M, Fu Y. Multi-view clustering via deep matrix factorization

[C]//Proceedings of the Thirty-First AAAI Conference on Artificial Intelligence. AAAI Press, 2017:2921-2927.

[9] Xu Chang, Tao D C, Xu Chao. Multi-view selfpaced learning for clustering [C]//Proceedings of the Twenty-Fourth International Joint Conference on Artificial Intelligence. 2015:3974-3980.

[10] Cai X, Nie F P, Huang H. Multi-view K-means clustering on big data [C]//Proceedings of the Twenty-Third International Joint conference on artificial intelligence. 2013:2598-2604.

[11] Yang Z Y, Xu Q Q, Zhang W G, et al. Split multiplicative multi-view subspace clustering[J]. IEEE Transactions on Image Processing, 2019, 28 (10):5147-5160.

[12] Yin M, Gao J B, Xie S L, et al. Multiview subspace clustering via tensorial t-product representation[J]. IEEE Transactions on Neural Networks and Learning Systems, 2018, 30(3):851-864.

[13] Cao X C, Zhang C Q, Fu H Z, et al. Diversity-induced multi-view subspace clustering[C]//Proceedings of the IEEE Conference on Computer Vision and Pattern Recognition. 2015: 586-594.

[14] Liu G C, Lin Z C, Yan S C, et al. Robust recovery of subspace structures by low-rank representation[J]. IEEE Transactions on Pattern Analysis and Machine Intelligence, 2012, 35(1):171-184.

[15] Luo S R, Zhang C Q, Zhang W, et al. Consistent and specific multi-view subspace clustering[C]//Proceedings of the Thirty-Second AAAI Conference on Artificial Intelligence and Thirtieth Innovative Applications of Artifical Intelligence Conference and Eighth AAAI Symposin on Educational Advance in Artifical Intelligence. AAAI Press, 2018: 3730-3737.

[16] Blaschko M B, Lampert C H. Correlational spectral clustering[C]//2008 IEEE Conference on Computer Vision and Pattern Recognition. IEEE, 2008:1-8.

[17] Ozair S, Lynch C, Bengio Y, et al. Wasserstein dependency measure for

representation learning[C]//Proceedings of the 33rd International Conference on Neural Information Processing Systems. 2019:15604-15614.

[18] Nie F P, Li J, Li X L, et al. Self-weighted multiview clustering with multiple graphs[C]//Proceedings of the 26th International Jonit Conference on Artifical Intelligence. 2017:2564-2570.

[19] Tao Z Q, Liu H F, Li S, et al. Marginalized multiview ensemble clustering[J]. IEEE Transactions on Neural Networks and Learning Systems, 2020,31(2):600-611.

[20] Gonen M, Margolin A A. Localized data fusion for kernel *k*-means clustering with application to cancer biology[C]//Proceedings of the 27th International Conference on Neural Information Processing Systems. 2014, 1305-1313.

[21] Li M M, Liu X W, Wang L, et al. Multiple kernel clustering with local kernel alignment maximization[C]//Proceedings of the 25th International Joint Conference on Artificial Intelligence. 2016:1704-1710.

[22] Wang Y Q, Liu X W, Dou Y, et al. Multiple kernel learning with hybrid kernel alignment maximization[J]. Pattern Recognition, 2017, 70: 104-111.

[23] Liu X W, Dou Y, Yin J P, et al. Multiple kernel *k*-means clustering with matrixinduced regularization[C]//Proceedings of the Thirtieth AAAI Conference on Artificial Intelligence. 2016:1888-1894.

[24] Cheng M M, Jing L P, Ng M K. Tensor-based low-dimensional representation learning for multi-view clustering[J]. IEEE Transactions on Image Processing, 2018,28(5):2399-2414.

[25] Chen L C, Yang Y, Wang J, et al. Attention to scale: scale-aware semantic image segmentation[C]//Proceedings of the IEEE Conference on Computer Vision and Pattern Recognition. 2016: 3640-3649.

[26] Chen X L, Sun Y, Athiwaratkun B, et al. Adversarial deep averaging networks for cross-lingual sentiment classification[J]. Transactions of the Association for Computational Linguistics, 2018,6:557-570.

[27] Xie J Y, Girshick R, Farhadi A. Unsupervised deep embedding for clustering analysis[C]//Proceedings of the 33rd International Conference on International Conference on Machine Learning. 2016: 478-487.

[28] Lin Y J, Gou Y B, Liu Z T, et al. COMPLETER: incomplete multi-view clustering via contrastive prediction[C]//2021 IEEE/CVF Conference on Computer Vision and Pattern Recognition. 2021:11169-11178.

[29] Xu J, Ren Y Z, Tang H Y, et al. Multi-VAE: learning disentangled view-common and view-peculiar visual representations for multi-view clustering[C]//2021 IEEE/CVF International Conference on Computer Vision. 2021:9234-9243.

[30] Zhou R W, Shen Y D. End-to-end adversarial attention network for multi-modal clustering[C]//IEEE/CVF Conference on Computer Vision and Pattern Recognition. 2020:14619-14628.

[31] Trosten D J, Lkse S, Jenssen R, et al. Reconsidering representation alignment for multi-view clustering[C]//2021 IEEE/CVF Conference on Computer Vision and Pattern Recognition. 2021:1255-1265.

[32] Tang H, Liu Y. Deep safe multi-view clustering: Reducing the risk of clustering performance degradation caused by view increase[C]//Proceedings of the IEEE/CVF Conference on Computer Vision and Pattern Recognition. 2022: 202-211.

[33] Xu J, Tang H, Ren Y, et al. Multi-Level feature learning for contrastive multi-ciew clustering[C]//Proceedings of the IEEE/CVF Conference on Computer Vision and Pattern Recognition. 2022: 16051-16060.

[34] Pham D T, Dimov S S, Nguyen C D. An incremental K-means algorithm [J]. Proceedings of the Institution of Mechanical Engineers, Part C. Journal of Mechanical Engineering Science, 2004, 218(c7):783-795.

[35] Mai S T, Jacobsen J, Amer-Yahia S, et al. Incremental density-based clustering on multicore processors[J]. IEEE Transactions on Pattern Analysis and Machine Intelligence, 2022, 44(3):1338-1356.

[36] Azhir E, Navimipour N J, Hosseinzadeh M et al. An efficient automated

incremental density-based algorithm for clustering and classification[J]. Future Generation Computer Systems, 2021,114:665-678.

[37] Rasyid L A, Andayani S. Review on clustering algorithms based on data type: towards the method for data combined of Numeric-Fuzzy linguistics[C]//Journal of Physics: Conference Series. 2018,1097:012082.

[38] Liu Y, Chen J, Wu S, et al. Incremental fuzzy C medoids clustering of time series data using dynamic time warping distance[J]. PLOS ONE, 2018,13(5):e0197499.

[39] Zhang C F, Hao L, Fan L. Optimization and improvement of data mining algorithm based on efficient incremental kernel fuzzy clustering for large data[J]. Cluster Computing, 2018,22(2):3001-3010.

[40] Aletti G, Michelett A. A clustering algorithm for multivariate data streams with correlated components[J]. Journal of Big Data, 2017, 4 (1):48.

[41] Kamble A. Incremental clustering in data mining using genetic algorithm [J]. International Journal of Computer Theory and Engineering, 2010, 2 (3):326-328.

[42] Aaron B, Tamir D E, Rishe N D, et al. Dynamic incremental *k*-means clustering[C]//2014 international Conference on Computational Science and Computational Intelligence. IEEE, 2014:308-313.

[43] Or D, Freifeld O. Sampling in Dirichlet process mixture models for clustering streaming data[C]//Proceeding of the 25th International Conference on Artificial Intelligence and Statistics. PMLR, 2022, 151: 818-835.

[44] Ronen M, Finder S E, Freifeld O. Deepdpm: deep clustering with an unknown number of clusters[C]//Proceedings of the IEEE/CVF Conference on Computer Vision and Pattern Recognition. 2022: 9851-9860.

[45] Huang L, Wang C D, Chao H Y, et al. MVStream: multiview data stream clustering[J]. IEEE Transactions on Neural Networks and Learning

Systems,2020, 31(9): 3482-3496.

[46] Sindhwani V, Rosenberg D. An RKHS for multi-view learning and manifold co-regularization[C]//Proceedings of the 25th International Conference on Machine Learning. 2008: 976-983.

[47] Sindhwani V, Niyogi P. Belkin M. A co-regularization approach to semi-supervised learning with multiple views[C]//Proceedings of the Workshop on Learning with Multiple Views. ICML, 2005: 824-831.

[48] Farquhar J D R, Hardoon D R, Meng H, et al. Two view learning: SVM-2K, theory and practice[C]//Proceedings of the 18th International Conference on Neural Information Processing Systems. 2005,18: 355-362.

[49] Tang J, Tian Y, Zhang P, et al. Multiview privileged support vector machines[J]. IEEE Transactions on Neural Networks and Learning Systems, 2018, 29(8): 3463-3477.

[50] Sun S, Xie X, Dong C. Multiview learning with generalized eigenvalue proximal support vector machines[J]. IEEE Transactions on Cybernetics, 2018,99: 1-10.

[51] Huang P, Ye Q L, Li Y, et al. Multi-view learning with robust generalized eigenvalue proximal SVM[J]. IEEE Access,2019, 7: 102437-102454.

[52] Yan H, Ye Q L, Yu D J. Efficient and robust TWSVM classification via a minimum L1-norm distance metric criterion[J]. Machine Learning, 2019, 108(6): 993-1018.

[53] Li C N, Shao Y H, Deng N Y. Robust L1-norm non-parallel proximal support vector machine[J]. Optimization, 2015, 65(1): 169-183.

[54] Li C N, Shao Y H, Deng N Y. Robust L1-norm two-dimensional linear discriminant analysis[J]. Neural Netw, 2015,65: 92-104.

[55] Zhang D T, Liu C Y, Ye B Q, et al. The GEPSVM classifier based on L1-norm distance metric[C]//Chinese Conference on Pattern Recognition Springer Singapore. 2016,662: 703-719.

[56] Nicholas T, Markopoulos P P, Sklivanitis G, et al. L1-norm principal-component analysis of complex data[J]. IEEE Transactions Signal

Processing, 2018, 66(12): 3256-3267.

[57] Liu Y, Gao Q X, Miao S, et al. A non-greedy algorithm for L1-norm LDA [J]. IEEE Transactions on Image Processing, 2017, 26(2): 684-695.

[58] Kull M, De Menezes E, Silva Filho T, et al. Beta calibration: a well-founded and easily implemented improvement on logistic calibration for binary classifiers[C]//Proceedings of the 20th International Conference on Artificial Intelligence and Statistics. PMLR, 2017, 54: 623-631.

[59] Gal Y, Ghahramani Z. Dropout as a bayesian approximation: representing model uncertainty in deep learning[C]//International Conference on Machine Learning. PMLR, 2016, 1050-1059.

[60] Han Z B, Zhang C Q, Fu H Z, et al. Trusted multi-view classification[J/OL]. (2021-02-03)[2023-12-20]. https:// arxiv. org/abs/2102. 02051.

[61] Han Z B, Zhang C Q, Fu H Z, et al. Trusted multi-view classification with dynamic evidential fusion [J]. IEEE Transactions on Pattern Analysis and Machine Intelligence, 2023, 45(2): 2551-2566.

[62] Liu W, Yue X D, Chen Y F, et al. Trusted multi- view deep learning with opinion aggregation[C]//Proceedings of the AAAI Conference on Artificial Intelligence, 2022, 36: 7585-7593.

[63] Jung M C, Zhao H, Dipnall J, et al. Uncertainty estimation for multi-view data: the power of seeing the whole picture[C]//Proceedings of the 36th International Conference on Neural Information Processing Systems. 2022: 6517-6530.

[64] Kang Z, Zhao X J, Peng C, et al. Partition level multiview subspace clustering[J]. Neural Networks, 2020, 122: 279-288.

[65] Zhang C Q, Fu H Z, Hu Q H, et al. Generalized latent multi-view subspace clustering[J]. IEEE Transactions on Pattern Analysis and Machine Intelligence, 2020, 42(1): 86-99.

[66] Li X L, Zhang H, Wang R, et al. Multi-view clustering: a scalable and parameter-free bipartite graph fusion method[J]. IEEE Transactions on Pattern Analysis and Machine Intelligence, 2020, 44(1): 330-344.

[67] Kang Z, Lin Z P, Zhu X F, et al. Structured graph learning for scalable subspace clustering: from single-view to multi-view[J]. IEEE Transactions on Cybernetics, 2021,52(9):8976-8986.

[68] Li S Y, Jiang Y, Zhou Z H. Partial multi-view clustering[C]//Proceedings of the 28 AAAI Conference on Artificial Intelligence. 2014:1968-1974.

[69] Zhang C Q, Cui Y J, Han Z B, et al. Deep partial multi-view learning[J]. IEEE Transactions on Pattern Analysis and Machine Intelligence, 2020,44(5): 2402-2415.

[70] Peng X, Huang Z Y, Lv J C, et al. COMIC: multiview clustering without parameter selection[C]//Proceedings of Machine Learning Research. PMLR, 2019:5092-5101.

[71] Yang M X, Li Y F, Huang Z Y, et al. Partially view-aligned representation learning with noise-robust contrastive loss[C]//2021 IEEE/CVF Conference on Computer Vision and Pattern Recognition. 2021:1134-1143.

[72] Huang Z Y, Hu P, Zhou J T, et al. Partially view-aligned clustering [C]//Neural Information Processing Systems. 2020,33:2892-2902.

[73] Zhao H D, Liu H F, Fu Y. Incomplete multi-modal visual data grouping [C]//Proceedings of the 25th International Joint Conference on Artifical Intelligence. 2016: 2392-2398.

[74] Shao W X, He L F, Yu P S. Multiple incomplete views clustering via weighted nonnegative matrix factorization with L2,1 regularization[C]// Proceedings of the 2015th European Conference on Machine Learning and Knowledge Discovery in Databases. 2015,318-334.

[75] Wen J, Zhang Z, Xu Y, et al. Unified embedding alignment with missing views inferring for incomplete multi-view clustering[C]// Proceedings of the Thirty-Third AAAI Conference on Artificial Intelligence and Thirty-First Innovative Applications of Artificial Intelligence Conference and Ninth AAAI Symposium on Educational Advances in Artificial Intelligence. AAAI Press, 2019:5393-5400.

[76] Zhou W, Wang H, Yang Y. Consensus graph learning for incomplete multi-view clustering[C]//Advances in Knowledge Discovery and Data Mining: 23rd Pacific-Asia Conference. 2019: 529-540.

[77] Hu M L, Chen S C. One-pass incomplete multi-view clustering[C]//Proceedings of the Thirty-Third AAAI Conference on Artificial Intelligence and Thirty-First Innovative Applications of Artificial Intelligence Conference and Ninth AAAI Symposium on Educational Advances in Artificial Intelligence. AAAI Press, 2019, 33:3838-3845.

[78] Wang H, Zong L L, B Liu, et al. Spectral perturbation meets incomplete multi-view data[C]//Proceedings of the 28th International Joint Conference on Artificial Intelligence. AAAI Press, 2019:3677-3683.

[79] Liu X W, Zhu X Z, Li M M, et al. Multiple kernel *k* k-means with incomplete kernels[J]. IEEE Transactions on Pattern Analysis and Mechine Intelligence,2019, 42(5):1191-1204.

[80] Wang Q Q, Ding Z M, Tao Z Q, et al. Partial multi-view clustering via consistent gan[C]//IEEE International Conference on Data Mining. Singapore, 2018:1290-1295.

[81] Wen J, Zhang Z, Zhang Z, et al. Dimcnet: Deep incomplete multi-view clustering network[C]//Proceedings of the 28th ACM International Conference on Multimedia. 2020: 3753-3761.

[82] Xu C, Guan Z Y, Zhao W, et al. Adversarial incomplete multi-view clustering[C]//Proceedings of the 28th International Conference on Artifical Intelligence. 2019, 3933-3939.

[83] Wen J, Zhang Z, Xu Y, et al. Cdimc-net: cognitive deep incomplete multiview clustering network[C]//Proceedings of the 29th International Joint Conference on Artifical Intelligence. 2020: 3230-3236.

[84] Jiang B, Zhang Z Y, Lin D D, et al. Semi-supervised learning with graph learning-convolutional networks[C]//2019 IEEE/CVF Conference on Computer Vision and Pattern Recognition. 2019:11313-11320.

[85] Tzortzis G, Likas A. Kernel-based weighted multi-view clustering[C]//

2012 IEEE 12th International Conference on Data Mining. 2012:675-684.

[86] Munkres J. Algorithms for the assignment and transportation problems [J]. Journal of the Society for Industrial and Applied Mathematics, 1957, 5(1):32-38.

[87] Greene D, Cunningham P. Practical solutions to the problem of diagonal dominance in kernel document clustering[C]//Proceedings of the 23rd International Conference on Machine Learning. 2006, 377-384.

[88] Rasiwasia N, Pereira J C, Coviello E, et al. A new approach to cross-modal multimedia retrieval[C]//Proceeding of the 18th ACM International Conference on Multimedia. 2010, 251-260.

[89] Lecun Y, Bottou L, Bengio Y, et al. Gradient-based learning applied to document recognition[C]//Proceedings of the IEEE. 1998, 86(11): 2278-2324.

[90] Shao W X, He L F, Lu C-T, et al. Online multi-view clustering with incomplete views[C]//2016 IEEE International Conference on Big Data (Big Data) 2016, IEEE, 1012-1017.

[91] Hu M L, Chen S C. Doubly aligned incomplete multi-view clustering[J/OL]. (2019-04-07)[2023-12-20]. https://arxiv.org/abs/1903.02785.

[92] Wen J, Zhang Z, Zhang Z, et al. Unified tensor framework for incomplete multi-view clustering and missing-view inferring[C]//Proceedings of the AAAI Conference on Artificial Intelligence. 2021, 35:10273-10281.

[93] Xue Z, Du J P, Du D W, et al. Deep correlated predictive subspace learning for incomplete multi-view semi-supervised classification[C]// Proceedings of the 28th International Joint Conference on Artificial Intelligence. AAAI Press, 2019, 4026-4032.

[94] Zhang C Q, Fu H Z, Wang J, et al. Tensorized multi-view subspace representation learning[J]. International Journal of Computer Vision, 2020, 128(8):2344-2361.

[95] Chen Y Y, Xiao X L, Peng C, et al. Low-rank tensor graph learning for multi-view subspace clustering[J]. IEEE Transactions on Circuits and

Systems for Video Technology, 2022,32(1):92-104.

[96] Li L S, Wan Z Q, He H B. Incomplete multi-view clustering with joint partition and graph learning[J]. IEEE Transactions on Knowledge and Data Engineering, 2021, 35(1):589-602.

[97] Zhu P F, Yao X J, Wang Y, et al. Latent Heterogeneous graph network for incomplete multi-view learning[J]. IEEE Transactions on Multimedia, 2022, 25:3033-3045.

[98] Wang Q Q, Ding Z M, Tao Z Q, et al. Generative partial multi-view clustering with adaptive fusion and cycle consistency[J]. IEEE Transactions on Image Processing,2021,30: 1771-1783.

[99] Xue Z, Du J P, Zheng C W, et al. Clustering-induced adaptive structure enhancing network for incomplete multi-view data[C]//Proceedings of the Thirtieth International Joint Conference on Artificial Intelligence. 2021: 3235-3241.

[100] Pan E,Kang Z. Multi-view contrastive graph clustering[C]//Advances in Neural Information Processing Systems. 2021.

[101] Liu J L, Teng S H, Fei L K, et al. A novel consensus learning approach to incomplete multiview clustering[J]. Pattern Recognition, 2021, 115: 107890.

[102] Liu X W, Zhu X Z, Li M M, et al. Late fusion incomplete multi-view clustering[J]. IEEE Transactions on Pattern Analysis and Machine Intelligence ,2019,41(10): 2410-2423.

[103] Liu X W, Li M M, Tang C,et al. Efficient and effective regularized incomplete multiView clustering[J]. IEEE Transactions Pattern Analysis and Machine Intelligence,2021,43(8):2634-2646.

[104] Wang S W, Liu X W, Liu L, et al. Highly-efficient incomplete large-scale multi-view clustering with consensus bipartite graph[C]//Proceedings of the IEEE/CVF Conference on Computer Vision and Pattern Recognition (CVPR). 2022: 9776-9785.

[105] Wen J, Zhang Z, Zhang Z, et al. DIMC-net: Deep incomplete multi-view

clustering network [C]//Proceedings of the 28th ACM International Conference on Multimedia. 2020: 3753-3761.

[106] Li Y F, Hu P, Liu Z T, et al. Contrastive clustering[C]//2021 AAAI Conference on Artificial Intelligence (AAAI). 2021.

[107] Zhong H S, Wu J L, Chen C, et al. Graph contrastive clustering[C]//Proceedings of the IEEE/CVF International Conference on Computer Vision (ICCV). 2021:9224-9233.

[108] Xu J, Tang H Y, Ren Y Z, et al. Contrastive multi-modal clustering[J/OL]. (2021-06-21) [2023-12-20]. https://arxiv. org/abs/2106. 11193v1.

[109] Chuang C-Y, Hjelm R D, Wang X, et al. Robust contrastive learning against noisy views[C]//2022 IEEE/CVF Conference on Computer Vision and Pattern Recognition. 2022:16649-16660.

[110] Oord A, Li Y Z, Vinyals O. Representation learning with contrastive predictive coding[J/OL]. (2018-07-10)[2023-12-20]. https://arxiv. org/abs/1807. 03748.

[111] LeCun Y, Cortes C, Bures C J C. The MNIST database of handwritten digits[DB/OL]. AT&T Labs, 1998 [2023-12-20]. http://yann. lecun. com/exdb/mnist/.

[112] Hwang S J, Grauman K. Accounting for the relative importance of objects in image retrieval[C]//British Machine Vision Conference. 2010.

[113] Asuncion A, Newman D. UCI machine learning repository[DB/OL]. University of California, Irvine, School of Information and Computer Sciences, 1987 [2023-12-20]. https://archive. ics. uci. edu/.

[114] Hu M L, Chen S C. One-pass incomplete multi-view clustering[C]//Proceedings of the Thirty-Third AAAI Conference on Artificial Intelligence and Thirty-First Innovative Applications of Artificial Intelligence Conference and Ninth AAAI Symposium on Educational Advances in Artificial Intelligence. AAAI Press, 2019, 33: 3838-3845.

[115] Wen J, Zhang Z, Zhang Z, et al. Generalized incomplete multiview clustering with flexible locality structure diffusion[J]. IEEE transactions

on cybernetics, 2020,51(1):101-114.

[116] Wang W, Arora R, Livescu K, et al. On deep multi-view representation learning[C]//International Conference on Machine Learning. PMLR, 2015:1083-1092.

[117] Zhou T, Zhang C, Peng X, et al. Dual shared-specific multiview subspace clustering[J]. IEEE Transactions on Cybernetics, 2019, 50(8):3517-3530.

[118] Xue Z, Li G, Huang Q. Joint multi-view representation learning and image tagging[C]//Proceeding of the AAAI Conference on Artificial Intelligence. 2016,30(1):1366-1372.

[119] Xue Z, Du J, Du D, et al. Deep constrained low-rank subspace learning for multiview semi-supervised classification[J]. IEEE Signal Processing Letters, 2019,26(8):1177-1181.

[120] Xue Z, Li G, Wang S, et al. Bilevel multiview latent space learning[J]. IEEE Transactions on Circuits and Systems for Video Technology, 2016, 28(2): 327-341.

[121] Wang J, Tian F, Yu H, et al. Diverse non-negative matrix factorization for multiview data representation[J]. IEEE Transactions on Cybernetics, 2017,48(9):2620-2632.

[122] Xu C, Tao D, Xu C. Multi-view self-paced learning for clustering[C]//Proceedings of the Twenty-Fourth International Joint Conference on Artificial Intelligence. 2015:3974-3980.

[123] Xue Z, Li G, Wang S, et al. Beyond global fusion: a group-aware fusion approach for multi-view image clustering[J]. Information Sciences, 2019, 493:176-191.

[124] Cui W, Du J, Wang D, et al. Mvgan: Multi-view graph attention network for social event detection[C]//ACM Transactions on Intelligent Systems and Technology (TIST),2021, 12(3):1-24.

[125] Andrew G, Arora R, Bilmes J, et al. Deep canonical correlation analysis [C]//Proceedings of the 30th International Conference on Machine Learning. PMLR, 2013, 28:1247-1255.

[126] Abavisani M, Patel V M. Deep multimodal subspace clustering networks [J]. IEEE Journal of Selected Topics in Signal Processing, 2018, 12(6): 1601-1614.

[127] Xue Z, Du J, Zhu H, et al. Robust diversified graph contrastive network for incomplete multi-view clustering[C]//Proceedings of the 30th ACM International Conference on Multimedia. 2022: 3936-3944.

[128] Li F F, Fergus R, Perona P. Learning generative visual models from few training examples: an incremental bayesian approach tested on 101 object categories [C]//2004 Conference on Computer Vision and Pattern Recognition Workshop. 2004: 59-70.

[129] Shi J, Malik J. Normalized cuts and image segmentation[J]. IEEE Transactions on pattern analysis and machine intelligence, 2000, 22(8): 888-905.

[130] Li Z, Wang Q, Tao Z, et al. Deep adversarial multi-view clustering network[C]// Proceedings of the 28th International Joint Conference on Artificial Intelligence. AAAI Press, 2019: 2952-2958.

[131] Xu N, Guo Y Q, Zheng X, et al. Partial multi-view subspace clustering [C]//Proceedings of the 26th ACM international conference on Multimedia. Association for Computing Machinery, 2018: 1794-1801.

[132] Wen J, Xu Y, Liu H. Incomplete multiview spectral clustering with adaptive graph learning[J]. IEEE Transactions on Cybernetics, 2020, 50 (4): 1418-1429.

[133] Y Yang, D -C Zhan, X R Sheng, et al. Semi-supervised multimodal learning with incomplete modalities[C]//Proceedings of the 27th International Joint Conference on Artificial Intelligence. AAAI Press, 2018: 2998-3004.

[134] Tan Q Y, Yu GX, Domeniconi C, et al. Incomplete multi-view weak-label learning[C]//Proceedings of the 27th International Joint Conference on Artificial Intelligence. AAAI Press, 2018: 2703-2709.

[135] Trigeorgis G, Bousmalis K, Zafeiriou S, et al. A deep semi-NMF model for learning hidden representations[C]//Proceedings of the 31st

International Conference on International Conference on Machine Learning. 2014: 1692-1700.

[136] Vidal R. Subspace clustering[J]. IEEE Signal Processing Magazine, 2011, 28(2):52-68.

[137] Elhamifar E, Vidal R. Sparse subspace clustering: algorithm, theory, and applications[J]. IEEE Transaction on Pattern Analysis and Machine Intelligence, 2013, 35(11):2765-2781.

[138] Liu H F, Wu Z H, Li X L, et al. Constrained nonnegative matrix factorization for image representation[J]. IEEE Transaction on Pattern Analysis and Machine Intelligence, 2012, 34(7):1299-1311.

[139] Cai J F, Candes E J, Shen Z W. A singular value thresholding algorithm for matrix completion[J]. SIAM Journal on Optimization, 2010, 20(4): 1956-1982.

[140] Lange K. Coordinate descent algorithms for lasso penalized regression [J]. The Annals of Applied Statistics, 2008, 2(1):224-244.

[141] Chua T S, Tang J H, Hong R C, et al. NUS-WIDE: a real-world web image database from national university of singapore[C]//Proceedings of the ACM International Conference on Image and Video Retrieval. 2009, 48:1-9.

[142] Xiao J X, Ehinger K A, Hays J, et al. SUN database: exploring a large collection of scene categories[J]. International Journal of Computer Vision, 2016, 119(1):3-22.

[143] Nilsback M-E, Zisserman A. A visual vocabulary for flower classification [C]// 2006 IEEE Computer Society Conference on Computer Vision and Pattern Recognition. 2006, 1447-1454.

[144] Nie F P, Li J, Li X L. Parameter-free auto-weighted multiple graph learning: a framework for multiview clustering and semi-supervised classification[C]//Proceedings of the Twenty-Fifth International Joint Conference on Artificial Intelligence. AAAI Press, 2016:1881-1887.

[145] Nie F P, Cai G H, Li J, et al. Auto-weighted multi-view learning for

image clustering and semi-supervised classification[J]. IEEE Transactions on Image Processing,2018, 27(3):1501-1511.

[146] Yang Y, Song J K, Huang Z, et al. Multifeature fusion via hierarchical regression for multimedia analysis[J]. IEEE Transcations on Multimedia, 2013, 15(3):572-581.

[147] Zhang L, Zhang D. Visual understanding via multi-feature shared learning with global consistency[J]. IEEE Transcations on Multimedia, 2016,18(2):247-259.

[148] Tao H, Hou C P, Nie F P, et al. Scalable multi-view semisupervised classification via adaptive regression[J]. IEEE Transcations on Image Processing, 2017,26(9):4283-4296.

[149] Lin Z C, Chen M M, Ma Y. The augmented lagrange multiplier method for exact recovery of corrupted low-rank matrices[J/OL](2010-09-26)[2023-12-20]. https://arxiv.org/abs/1009.5055v2.

[150] Dalal N, Triggs B. Histograms of oriented gradients for human detection [C]//2005 IEEE Computer Society Conference on Computer Vision and Pattern Recognition. IEEE, 2005, 1: 886-893.

[151] Lowe D G. Distinctive image features from scale-invariant keypoints[J]. International Journal of Computer Vision, 2004, 60: 91-110.

[152] Huang L, Lu J, Tan Y P. Co-learned multi-view spectral clustering for face recognition based on image sets[J]. IEEE Signal Processing Letters, 2014, 21(7): 875-879.

[153] Cao G, Iosifidis A, Gabbouj M. Multi-view nonparametric discriminant analysis for image retrieval and recognition[J]. IEEE Signal Processing Letters, 2017, 24(10): 1537-1541.

[154] Xu Y, Goodacre R. On splitting training and validation set: a comparative study of cross-validation, bootstrap and systematic sampling for estimating the generalization performance of supervised learning[J]. Journal of Analysis and Testing, 2018, 2(3): 249-262.

[155] Zhang C, Hu Q, Fu H, et al. Latent multi-view subspace clustering

[C]//Proceedings of the IEEE Conference on Computer Vision and Pattern Recognition. 2017: 4279-4287.

[156] Wang S, Jiang S, Huang Q, et al. S3MKL: scalable semi-supervised multiple kernel learning for image data mining[C]//Proceedings of the 18th ACM international conference on Multimedia. 2010: 163-172.

[157] Ma Z, Teschendorff A E, Leijon A, et al. Variational bayesian matrix factorization for bounded support data[J]. IEEE Transactions on Pattern Analysis and Machine Intelligence, 2015, 37(4): 876-889.

[158] Rutledge D N. Comparison of principal components analysis, independent components analysis and common components analysis[J]. Journal of Analysis and Testing, 2018, 2(3): 235-248.

[159] Tao H, Hou C, Nie F, et al. Scalable multi-view semi-supervised classification via adaptive regression[J]. IEEE Transactions on Image Processing, 2017, 26(9): 4283-4296.

[160] Karasuyama M, Mamitsuka H. Multiple graph label propagation by sparse integration[J]. IEEE Transactions on Neural Networks and Learning Systems, 2013, 24(12): 1999-2012.

[161] Nie F, Cai G, Li X. Multi-view clustering and semi-supervised classification with adaptive neighbours[C]//Proceedings of the AAAI Conference on Artificial Intelligence. 2017, 31(1):2408-2414.

[162] Wang J, Wang X, Tian F, et al. Adaptive multi-view semi-supervised nonnegative matrix factorization[C]//Neural Information Processing: 23rd International Conference, ICONIP 2016, Kyoto, Japan, October 16-21, 2016, Proceedings, Part II 23. Springer International Publishing, 2016: 435-444.

[163] Noroozi V, Bahaadini S, Zheng L, et al. Semi-supervised deep representation learning for multi-view problems[C]//2018 IEEE International Conference on Big Data (Big Data). IEEE, 2018: 56-64.

[164] Lee D, Seung H S. Algorithms for non-negative matrix factorization [C]//Proceeding of the 13th International Conference on Neural

Information Processing Systems. MIT Press，2000:535-541.

[165] Ding C H Q，Li T，Jordan M I. Convex and semi-nonnegative matrix factorizations[J]. IEEE Transactions on Pattern Analysis and Machine Intelligence，2010，1(32)：45-55.

[166] Oliva A，Torralba A. Modeling the shape of the scene：A holistic representation of the spatial envelope [J]. International Journal of Computer Vision，2001，42：145-175.

[167] Ojala T，Pietikainen M，Maenpaa T. Multiresolution gray-scale and rotation invariant texture classification with local binary patterns[J]. IEEE Transactions on Pattern Analysis and Machine Intelligence，2002，24(7)：971-987.

[168] Lampert C H，Nickisch H，Harmeling S. Learning to detect unseen object classes by between-class attribute transfer[C]//2009 IEEE Conference on Computer Vision and Pattern Recognition. IEEE，2009：951-958.

[169] Abdel-Hakim A E，Farag A A. CSIFT：a SIFT descriptor with color invariant characteristics[C]//2006 IEEE Computer Society Conference on Computer Vision and Pattern Recognition. IEEE，2006，2：1978-1983.

[170] Wu J，Rehg J M. CENTRIST：A Visual Descriptor for Scene Categorization[J]. IEEE Transactions on Pattern Analysis and Machine Intelligence，2011，33(8)：1489-1501.

[171] Zheng S，Cai X，Ding C，et al. A closed form solution to multi-view low-rank regression[C]//Proceedings of the AAAI Conference on Artificial Intelligence. 2015，29(1):1973-1979.

[172] Kan M，Shan S G，Chen X L. Multi-view deep network for cross-view classification[C]//Proceedings of the IEEE Conference on Computer Vision and Pattern Recognition. 2016：4847-4855.

[173] Wei H，Wang S H，Han X Z，et al. Synthesizing counterfactual samples for effective image-text matching[C]//Proceedings of the 30th ACM International Conference on Multimedia. 2020:4355-4364.

[174] Xu Z，So D R，Dai A M. Mufasa：multimodal fusion architecture search

for electronic health records[C]//Proceedings of the AAAI Conference on Artificial Intelligence. 2021, 35:10532-10540.

[175] Yang B, Wu L J. How to leverage multimodal EHR data for better medical predictions? [J/OL]. (2021-10-29)[2023-12-20]. https://arxiv.org/abs/2110.15763.

[176] Bao H B, Wang W H, Dong L, et al. Vlmo: unified vision- language pre-training with mixture-of-modality-experts[C]//Advances in Neural Information Processing Systems. 2022,35:32897-32912.

[177] Radford A, Kim J W, Hallacy C, et al. Learning transferable visual models from natural language supervision[C]//International Conference on Machine Learning. PMLR,2021: 8748-8763.

[178] Lee J, Humt M, Feng J X, et al. Estimating model uncertainty of neural networks in sparse information form [C]//Proceedings of the 37th International Conference on Machine Learning. PMLR 2020, 119: 5702-5713.

[179] MacKay D J C. A practical Bayesian framework for backpropagation networks[J]. Neural Computation,1992,4(3):448-472.

[180] Malinin A, Gales M. Predictive uncertainty estimation via prior networks [C]//Proceedings of the 32nd International Conference on Neural Information Processing Systems. 2018:7047-7058.

[181] Neal R M. Bayesian learning for neural networks[M]. Springer,2012.

[182] Denker J S, LeCun Y. Transforming neural-net output levels to probability distributions [C]//Proceedings of the 3rd International Conference on Neural Information Processing Systems. 1990:853-859.

[183] Lampinen J,Vehtari A. Bayesian approach for neural networks— review and case studies[J]. Neural Networks,2001, 14(3): 257-274.

[184] Sensoy M, Kaplan L, Kandemir M. Evidential deep learning to quantify classification uncertainty[C]//Proceeding of 32nd International Conference on Nneural Information Processing Systems. 2018:3183-3193.

[185] Wong T T. Generalized Dirichlet distribution in Bayesian analysis[J].

Applied Math maties and Computation,1998,97(2):165-181.

[186] Minka T. Estimating a Dirichlet distribution[J]. 2000.

[187] Geng Y, Han Z B, Zhang C Q, et al. Uncertainty-aware multi-view representation learning[C]//Proceedings of the AAAI Conference on Artificial Intelligence. 2021,35:7545-7553.

[188] Han Z B, Yang F, Huang J Z, et al. Multimodal dynamics: Dynamical fusion for trustworthy multimodal classification[C]//2022 IEEE/CVF Conference on Computer Vision and Pattern Recognition. 2022: 20707-20717.

[189] Han Z B, Zhang C Q, Fu H Z, et al. Trusted multi-view classification with dynamic evidential fusion[J]. IEEE Transactions on Pattern Analysis and Machine Intelligence,2023,45(2):2551-2566.